Reinhilde Beck

Konflikt-Coaching und Verhandlungsführung

ziel

SozialMANAGEMENT
Praxis

Reinhilde Beck

Konflikt-Coaching und Verhandlungsführung

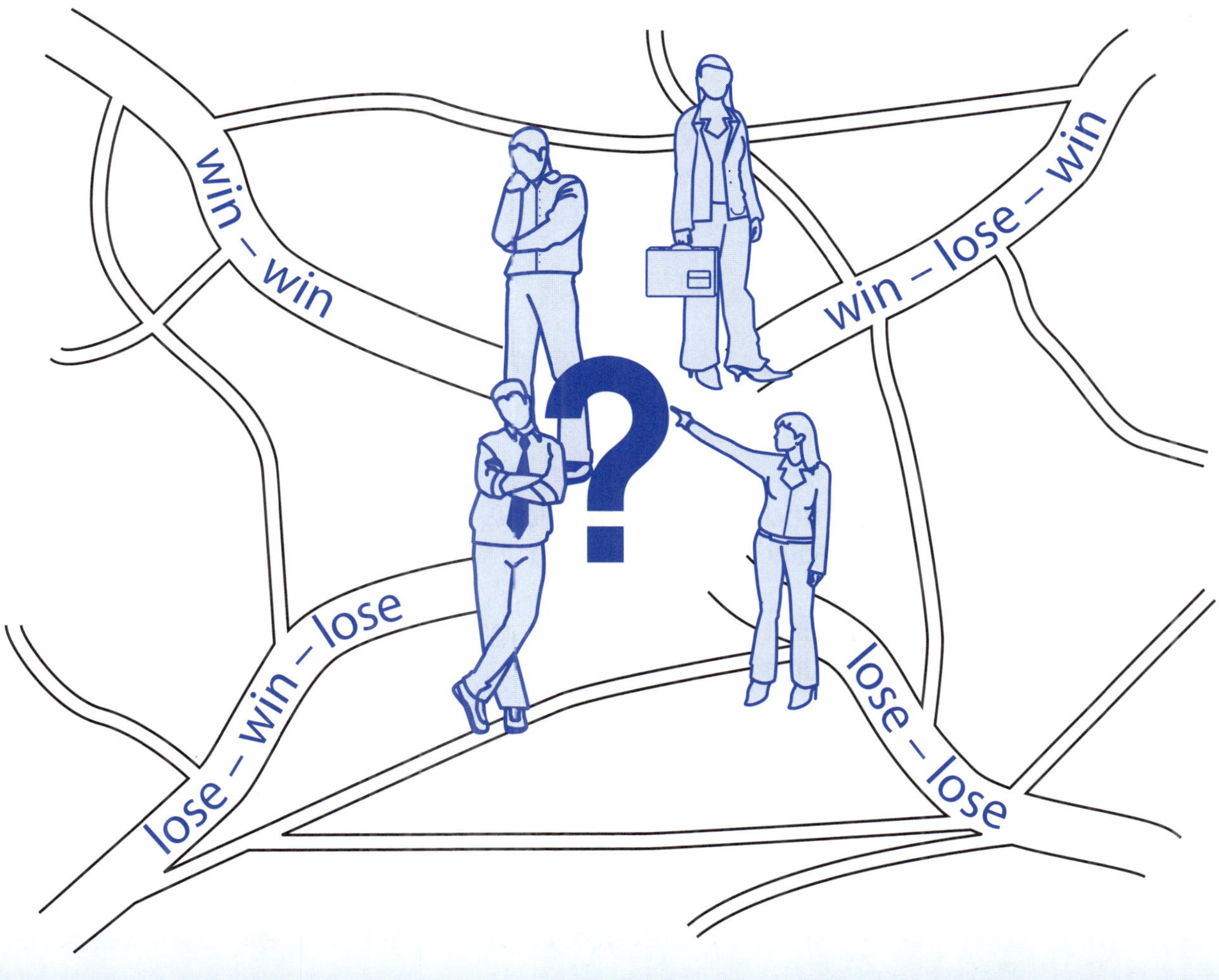

ziel
Blaue Reihe

Strategien – Tools – Materialien

Bibliografische Information Der Deutschen Bibliothek
Die Deutsche Bibliothek verzeichnet diese Publikation in der Deutschen Nationalbibliografie; detaillierte bibliografische Daten sind im Internet über *http://dnb.ddb.de* abrufbar.

Verlag
ZIEL – Zentrum für interdisziplinäres erfahrungsorientiertes Lernen GmbH
Neuburger Straße 77, 86167 Augsburg

1. Auflage 2006

Wissenschaftliche Beratung und Lektorat
Prof. Dr. Gotthart Schwarz

Satz und Grafik
alex media, Gierstorfer, Ferstl & Reichert GbR
Zeuggasse 7, 86150 Augsburg

Druck und buchbinderische Verarbeitung
Kessler Verlagsdruckerei
Michael-Schäffer-Straße 1, 86399 Bobingen

ISBN-10: 3-937 210-45-8
ISBN-13: 978-3-937 210-45-2

INHALTSVERZEICHNIS Seite

Verzeichnis der Abbildungen, Checklisten und Tabellen		9
Einleitung		11
1.	**Konflikterleben und Konfliktentwicklung – Basiswissen**	13
1.1	Konflikterleben und Konfliktwahrnehmung	15
1.1.1	Wie erleben wir einen Konflikt?	15
1.1.2	Welche Rolle spielt die Wahrnehmung? – Konflikte im Auge der BetrachterInnen	15
1.1.3	Welche Bedeutung haben Prozesse der subjektiven Einschätzung einer Konfliktsituation?	18
1.2	Innere Konflikte	22
1.2.1	Wann liegt ein innerer Konflikt vor?	23
1.2.2	Welche Varianten lassen sich unterscheiden?	23
1.3	Welche intrapsychischen Strukturen und Prozesse nehmen Einfluss auf das Zustandekommen von Konflikten? – Ausgewählte Theorieansätze	26
1.3.1	Ein sozialpsychologischer Ansatz: die Dissonanztheorie	26
1.3.2	Tiefenpsychologische Ansätze	27
1.3.2.1	Psychoanalyse – Sigmund Freud	27
1.3.2.2	Analytische Psychologie – Carl Gustav Jung	28
1.3.2.3	Individualpsychologie – Alfred Adler	29
1.3.3	Der personenzentrierte Ansatz von Carl Rogers	30
1.3.4	Verhaltenpsychologisch-sozialkognitiver Ansatz (SKPT)	31
1.3.4.1	Was sind die „Basisannahmen der SKPT?“	32
1.3.4.2	Welche Vorstellungen von „Persönlichkeit“ kennzeichnen den sozial-kognitiven Theorieansatz und was sind seine zentralen Sichtweisen (Teilkonzepte)?	32
1.3.5	Eine Sichtweise des NLP – Neurolinguistisches Programmieren	35
1.3.5.1	Wurzeln des NLP	35
1.3.5.2	Bedeutung unserer Sinne und der „Repräsentationssysteme“	37
1.3.5.3	Vorstellungen, „Modelle“ von der Welt und von sich selbst	39
1.3.6	Abschließende Hinweise	41

1.4	Gängige individuelle Reaktionen der Konfliktbewältigung	41
1.5	Innerpsychische Konfliktwirkungen und Basisprozesse der Konfliktentwicklung in Beziehungssytemen	44
1.5.1	Wie entwickelt sich ein Konflikt?	45
1.5.2	Wie ändern sich Wahrnehmung, Denken, Vorstellungsbilder in Konfliktsituationen?	46
1.5.3	Was verändert sich in unserem Gefühlsleben?	47
1.5.4	Welche Veränderungen können im Bereich der Motive, Ziele, des Willens festgestellt werden?	48
1.5.5	Wie verändern sich äußeres Verhalten und Kommunikation?	49
1.5.6	Welche Wirkungen hat unser Verhalten, unsere Kommunikation in Konfliktsituationen?	50
1.6	Basisprozesse, die in einem Beziehungssystem zu bestimmten Strategien der Konfliktbewältigung führen können	54
1.6.1	Muster im Umgang mit Konflikten als eine Art „hypnotische Fixierung"	54
1.6.2	Die Art der Konfliktbewältigung als Teil des Problems / Konflikts	55
2.	**Konfliktbearbeitung: Rollen, Anforderungen und handlungstheoretische Grundlagen**	57
2.1	Rollen in der Konfliktbearbeitung und Anforderungen	57
2.1.1	Rollen im Überblick	57
2.1.2	Konflikt-Coaching	58
2.1.3	Verhandlungsführung	59
2.1.4	Konfliktparteien	59
2.1.5	Führungs- und Leitungskräfte	60
2.1.6	Professionelle BeraterInnen, ModeratorInnen	63
2.2	Haltungen, Einstellungen und kommunikative Kompetenzen	64
2.2.1	Neutralität	64
2.2.2	Allparteilichkeit	65
2.2.3	Klarer Umgang mit Macht und Hierarchie	65
2.2.4	Verstehen und aktiv Zuhören	66
2.2.5	Anerkennung der Individualität	66
2.2.6	Verzicht auf „Feilschen" um „richtig oder falsch"	67

2.3 Handlungstheoretische Grundlagen und Leitlinien für die Gestaltung des Konfliktbearbeitungsprozesses 67
2.3.1 Das Harvard-Konzept 68
2.3.1.1 Kriterien zur Bewertung von Verhandlungsweisen 68
2.3.1.2 Vier Grundvoraussetzungen des Verhandelns 69
2.3.1.3 Prozessphasen 70
2.3.2 Zentrale Sichtweisen lösungsorientierter Beratungskonzepte 71
2.3.3 Leitlinien für die Gestaltung des Konfliktbearbeitungsprozesses 75
2.3.3.1 Orientierung an den Interessen der Konfliktparteien 75
2.3.3.2 Lösungsorientierung 75
2.3.3.3 Ressourcenorientierung 77
2.3.3.4 Prozessorientierung 78

3. Ablaufstruktur einer Konfliktbearbeitung und „to do's" 81

3.1 Ablauf einer Konfliktbearbeitung 81
3.2 Vorbereitung und Auftragsklärung 82
3.3 Einstieg 95
3.4 Lösungsarbeit 101
3.5 Ergebnissicherung 103
3.6 Follow up 107

4. Ergänzende Materialien zu ausgewählten Settings der Konfliktbearbeitung 109

4.1 Setting: 1 Konflikt-Coaching in Einzelberatung 111
4.1.1 Themenbereich: Die Entwicklung persönlicher Balance in Konfliktsituationen unterstützen 111
4.1.1.1 Materialien zur Vorbereitung 112
4.1.1.2 Materialien zum Einstieg 114
4.1.1.3 Materialien zur Lösungsarbeit 118
4.1.2 Themenbereich: Kommunikations- und Handlungsfähigkeit in Konfliktsituationen fördern 126
4.1.2.1 Materialien zur Vorbereitung 127
4.1.2.2 Materialien zum Einstieg 130
4.1.2.3 Materialien zur Lösungsarbeit 131
4.1.3 Themenbereich: Unterstützen bei der Klärung und Lösung organisationsbezogener Konflikte 137
4.1.3.1 Materialien zur Vorbereitung 137
4.1.3.2 Materialien zum Einstieg 140
4.1.3.3 Materialien zur Lösungsarbeit 142
4.1.4 Materialien zur Ergebnissicherung 144

4.2	Setting 2: Konflikt-Coaching im Team	147
4.2.1	Besonderheiten des Teamcoachings	147
4.2.2	Workshop als zentrales Verfahren kommunikativer Konfliktbearbeitung	149
4.2.2.1	Einsatzmöglichkeiten des Workshops	149
4.2.2.2	Regeln und Besonderheiten bei der Konfliktbearbeitung im Team	150
4.2.2.3	Ablauf eines Workshops	151
4.2.2.4	Ausgewählte methodische Empfehlungen zur Gestaltung des Workshops	154
4.2.3	Ergänzende methodische Empfehlungen und Materialien zum Konflikt-Coaching im Team	157
4.2.3.1	Methodische Empfehlungen zur Vorbereitung	158
4.2.3.2	Methodische Empfehlungen zum Einstieg	158
4.2.3.3	Methodische Empfehlungen zur Lösungsarbeit	159
4.2.3.4	Methodische Empfehlungen zur Ergebnissicherung	164
4.3	Setting 3: Ergänzende Materialien zur Verhandlungsführung	165
4.3.1	Methodische Grundlagen der Verhandlungsführung	165
4.3.2	Ergänzende methodische Hinweise und Materialien	166
5.	**Schlussbemerkung**	169
	Literaturverzeichnis	171
	Die Autorin	175

Verzeichnis der Abbildungen, Checklisten und Tabellen

Abb. 1	Übung: Analyse einer Konfliktsituation
Abb. 2	Ressourcen
Abb. 3	Zentrale Konstrukte des sozial-kognitiven Theorieansatzes
Abb. 4	Übung zu Repräsentationssystemen
Abb. 5	Individuelle Reaktionen auf Konflikte
Abb. 6	Konfliktgeschehen: Veränderungen im Bereich von Wahrnehmung und Denken
Abb. 7	Konfliktgeschehen: Veränderungen im Gefühlsleben
Abb. 8	Die vier Seiten einer Nachricht
Abb. 9	Übung zu den Beziehungsauswirkungen innerer Bilder
Abb. 10	Rollen in der Konfliktbearbeitung
Abb. 11	CL: Den Konflikt selbst klären oder einen/e BeratungsexpertIn hinzuziehen?
Abb. 12	Aufgaben der Konfliktberatung/Konfliktmoderation
Abb. 13	Zentrale Sichtweisen lösungsorientierter Beratung
Abb. 14	Zur Bedeutung von Fragen in der Beratung
Abb. 15	Fragetypen
Abb. 16	Systemische Vorgehensmethodik im Prozess der Konfliktbearbeitung
Abb. 17	Ablauf einer Konfliktbearbeitung
Abb. 18	CL: Systematische Konfliktanalyse
Abb. 19	AL: Lösungsorientiert fragen
Abb. 20	AL: Zirkuläre Fragen
Abb. 21	CL: Auftragsmuster und Auftragsdynamik
Abb. 22	CL: Persönliche Haltungen und Einstellungen
Abb. 23	AL: Hypothesen bilden
Abb. 24	CL: Auftrag und Planung der Konfliktberatung
Abb. 25	AL: Ziele formulieren
Abb. 26	AL: Mit Widerständen umgehen
Abb. 27	AL: Steuerung der Lösungsarbeit
Abb. 28	Kosten-Nutzen-Analyse von Konfliktlösungsstrategien
Abb. 29	Ausgewählte Settings der Konfliktbearbeitung
Abb. 30	MC: Systemisches Porträt
Abb. 31	AL-Tn: Ein systemisches Porträt anfertigen
Abb. 32	MC: Am Anfang des Flusses
Abb. 33	AL-Tn: Am Anfang des Flusses
Abb. 34	MC: Den Kontext eines Konfliktes klären
Abb. 35	MC: Systemisches Porträt besprechen und Veränderungsprioritäten identifizieren
Abb. 36	MC: Von der Problemrückseite zum Ziel
Abb. 37	MC: Erwartungsnetzwerk klären
Abb. 38	AL-TN: Visualisierung eines Erwartungsnetzwerkes
Abb. 39	MC: Analoge Prozessarbeit mit einem Symbol
Abb. 40	MC: Übungsanleitung zur analogen Prozessarbeit mit einem Symbol

Abb. 41 MC: Systemische Haltung – Zwei Seiten einer Medaille
Abb. 42 MC: (Konflikt-) Situationen verflüssigen
Abb. 43 MC: Negative Selbstgespräche in positive umwandeln
Abb. 44 MC: Tetralemma
Abb. 45 MC: Beobachtungsprotokoll anfertigen und auswerten
Abb. 46 AL-Tn: Beobachtungsprotokollbogen
Abb. 47 MC: Konfliktanalyse vorbereiten
Abb. 48 MC: Individuelle Reaktions- und Kommunikationsmuster prüfen
Abb. 49 MC: Rollentausch
Abb. 50 MC: Rollenspiel mit Feedback
Abb. 51 MC: Positions- und Perspektivenwechsel
Abb. 52 MC: Mentales Modelllernen
Abb. 53 AL-Tn: Übungsanleitung Mentales Modelllernen
Abb. 54 MC: Subjektive Organisationsanalyse
Abb. 55 AL-Tn: Anleitung Subjektive Organisationsanalyse
Abb. 56 MC: Kraftfeldanalyse
Abb. 57 AL-Tn: Anleitung Kraftfeldanalyse
Abb. 58 MC: Projekt-Umwelt-Analyse
Abb. 59 MC: Reflexionsgespräch und Bilanz
Abb. 60 MC: Einen Brief an sich schreiben
Abb. 61 MC: Aktivitätenplan
Abb. 62 AL-Tn: Anleitung Aktivitätenplan
Abb. 63 Hinweise für das Konflikt-Coaching eines Teams
Abb. 64 Regeln und Besonderheiten bei der Gestaltung eines Workshops zur Konfliktmoderation
Abb. 65 Ich habe nicht versagt …
Abb. 66 MC: Vorbereitung eines Workshops
Abb. 67 MC: Ablaufgestaltung eines Workshops
Abb. 68 AL: Aufgaben der Moderation
Abb. 69 AL: Bewertung durch punkten
Abb. 70 AL: Entscheidungsmatrix für die Bewertung von Lösungsideen
Abb. 71 MC: Szenario-Technik
Abb. 72 MC: Dissensdialog
Abb. 73 MC: Bilanz ziehen – Nutzen/Kosten von Konfliktstrategien
Abb. 74 AL-TN: Bilanz ziehen – Nutzen/Kosten von Konfliktstrategien
Abb. 75 MC: Konfliktintervention in Stufen
Abb. 76 MC: Zirkuläre Konfliktbearbeitung
Abb. 77 VF: Verlaufsschritte einer Verhandlungsführung
Abb. 78 VF: Moderation einer Konfliktverhandlung
Abb. 79 VF: Regeln für die Konfliktverhandlung

Einleitung

Nährboden für Konflikte

Konflikte sind allgegenwärtig und meist unvermeidbar. Struktur- und Organisationswandel, Umbrüche und Veränderungen im Sozial- und Gesundheitsbereich bieten zusätzlich einen guten Nährboden für Konflikte: Ängste, Unsicherheiten, Orientierungsverlust, Interessengegensätze, Mobbing sind allseits bekannte Phänomene und stellen besondere Herausforderungen an Konfliktfähigkeit und -kompetenzen aller MitarbeiterInnen, an Führungskräfte und professionelle BeraterInnen.

Wirkungszusammenhänge

Konfliktgeschehen in Organisationen, Einrichtungen und Betrieben ist in Wirkungszusammenhänge eingebettet, die über die intrapsychische und interaktionell-soziale Ebene hinausgehend von organisationsstrukturellen und -kulturellen Zusammenhängen mit beeinflusst und auch gesteuert werden.

Der Band KONFLIKT-COACHING und VERHANDLUNGSFÜHRUNG und der bereits in der 3. Auflage erscheinende Band KONFLIKTMANAGEMENT (*Beck/Schwarz* 2006), thematisieren diese Wirkungszusammenhänge aus unterschiedlichen Perspektiven, zeigen unterschiedliche Möglichkeiten der Betrachtung, Analyse und Steuerung von Konflikten in institutionellen und Organisationskontexten auf und ergänzen sich dabei in folgender Weise:

sozial-interaktionelle Ebene

- während der vorliegende Band KONFLIKTCOACHING den Fokus auf die intrapersonelle und sozial-interaktionelle Ebene des Konfliktgeschehens legt und Gestaltungsmöglichkeiten für eine kommunikativ-kooperative Konfliktbearbeitung aufzeigt,

strategische normative Steuerung

- befasst sich der Band KONFLIKTMANAGEMENT darüber hinausgehend mit Gestaltungsmöglichkeiten in der Prävention und im Umgang mit Konflikten, die auf der Ebene der strategischen und normativen Steuerung einer Organisation liegen.

Im Band KONFLIKT-COACHING wird von der vielfach belegten Erfahrung ausgegangen, dass in vielen Situationen das Potenzial kommunikativer Konfliktlösungsmöglichkeiten in Organisationen immer noch ungenügend ausgelotet und zu wenig genutzt wird. Das ist einerseits erstaunlich, da kommunikative Konfliktlösungsmöglichkeiten meist motivationsschonender und nachhaltiger und damit auch in wirtschaftlicher Hinsicht oftmals „kostengünstiger" sind. Andererseits wäre es blauäugig, nur auf kommunikative Verfahren einer Konfliktbearbeitung zu setzen, die unbestreitbar auch ihre Grenzen haben (siehe *Beck/Schwarz* 2006).

Die auftretenden aktuellen oder strukturell bedingten Konflikte kommunikativ zu klären, zu steuern, zu lösen oder die dafür notwendigen Fähigkeiten zu vermitteln, gehört zum Aufgabenbereich vieler Professioneller – ob als Coach im Einzelgespräch, als Beratende in Organisationen oder als

Führungskraft im Umgang mit einzelnen MitarbeiterInnen, Teams, Vorgesetzten bzw. auch KundInnen, KooperationspartnerInnen, KonkurrentInnen.

Basiswissen

- Das erste Kapitel vermittelt Basiswissen zum innerpsychischen und sozial-interaktionalen Konfliktgeschehen. Führungs- und Leitungskräfte, die aufgrund ihres knapp bemessenen Zeitbudgets nicht die Möglichkeit haben, sich mit umfangreichen psychologischen Studien zum Konfliktgeschehen zu befassen, können sich hier zügig einen Einblick in einschlägig relevante, zentrale Sichtweisen und Erkenntnisse verschaffen. Ein psychologisches Vorwissen ist dafür nicht erforderlich.

Rollen

Grundhaltungen

- Im zweiten Kapitel werden zentrale Rollen aufgezeigt, aus denen heraus eine Konfliktbearbeitung erfolgen kann und die wichtigsten Grundhaltungen und Kompetenzen vorgestellt, die bei der Anwendung kommunikativer Verfahren der Konfliktlösung vorausgesetzt werden.

Phasen

Orientierungsrahmen

- Ausgehend von unterscheidbaren Phasen einer Konfliktbearbeitung und zugeordneten Aufgaben wird im dritten Kapitel ein Orientierungsrahmen vorgestellt, der je nach Reichweite und Komplexität eines Konfliktes eher selektiv oder auch umfassender, systematisch für das eigene Vorgehen genutzt werden kann. Bei jeder Aufgabe sind die wichtigsten Vorgehensweisen aufgeführt.

Setting

- Für die Gestaltung verschiedener Settings einer Konfliktbearbeitung, wie das Konflikt-Coaching in der Einzelberatung, das Konflikt-Coaching im Team und die Verhandlungsführung, sind im vierten Kapitel aus Gründen besserer Übersichtlichkeit weitere Methoden und Materialien zusammengestellt. Sie können das eine oder andere abwandeln und mit eigenen Materialien und Ideen kombinieren. Die geschilderte Abfolge ist kein Muss, sondern soll Ihnen Anregungen bieten, die Ihnen Zeit und Vorbereitung ersparen.

Die Darstellungen, methodischen Empfehlungen und Anleitungen in den einzelnen Kapiteln sind z. T. über Querverweise miteinander vernetzt. Jedes Kapitel bietet jedoch auch einen eigenen Zugang und kann somit auch unabhängig von den anderen – je nach Bedarf – gelesen und genutzt werden.

Sicht einer neutralen Drittpartei

Der Band KONFLIKT-COACHING und VERHANDLUNGSFÜHRUNG greift das Konfliktthema aus der Sicht einer neutralen Drittpartei auf. Das können externe oder auch interne BeraterInnen sein, aber auch besonders qualifizierte, kompetente, vertrauenswürdige, eigens beauftragte MitarbeiterInnen, Projektleitungen oder solche Personen, die im Rahmen von Führungsaufgaben als „neutrale Dritte" mit der Klärung und Lösung von Konflikten beauftragt werden. Diesem Personenkreis, der im Kontext seiner Arbeit auch beratende oder moderierende Aufgaben wahrnimmt, stellt der vorliegende Band ein Grundlagen- und Basiswissen bereit und gibt methodische Anregungen zur Gestaltung und Entwicklung kommunikativ-konstruktiver Konfliktlösungen.

1. Konflikterleben und Konfliktentwicklung – Basiswissen

Die wahren Tragödien auf dieser Welt entstehen
nicht aus Konflikten zwischen Recht und Unrecht,
sondern aus solchen zwischen zweierlei Recht.
Unbekannt

Das erste Kapitel vermittelt Ihnen Basiswissen zum Konflikterleben und der Konfliktentwicklung im innerpsychischen und interpersonellen Bereich. Es soll Ihnen bei der Lektüre Gelegenheit bieten, die ausgewählten theoretischen Betrachtungsweisen auf Ihre Konflikterfahrungen zu übertragen.

Vielleicht möchten Sie sich zum Einstieg in die Thematik anhand der folgenden Übung zunächst eine eigene Konflikterfahrung in Erinnerung rufen.

Ein Übungsangebot zum Einstieg
Je mehr wir in eine Konfliktsituation involviert sind, desto intensiver sind unsere damit verbundenen persönlichen Stimmungen, Gedanken und Gefühle. Wir geraten in „ihren Bann“, nehmen nur noch bestimmte Ausschnitte des Geschehens in verdichteter Form wahr, verlieren den Überblick und die Distanz zum Geschehen.

Die angebotene Übung gibt Ihnen die Möglichkeit anhand einer Konflikterfahrung einzelne Aspekte, Elemente, Prozesse, Zusammenhänge und Wechselwirkungen des Konfliktgeschehens bewusster zu sehen, „auseinander zu nehmen“ und damit differenzierter zu erfassen.

Übung: Analyse einer Konfliktsituation

Bitte versuchen Sie, sich an eine aktuelle oder bereits zurückliegende Konfliktsituation zu erinnern, die Sie in Ihrem Arbeitszusammenhang (Einrichtung, Abteilung, Team, KooperationspartnerInnen ...) bzw. Ihrem beruflichen Umfeld erlebt haben und in die Sie selbst involviert waren.

Analysieren Sie diese Konfliktsituation anhand der folgenden Leitfragen und machen Sie sich dazu jeweils einige Notizen.

Situationsbeschreibung – äußerer Kontext
- ❐ Um welche Situation geht es?
- ❐ Wo befinden Sie sich?
- ❐ Welche Jahres-/Tageszeit ist es?
- ❐ Wer ist außer Ihnen noch anwesend?
- ❐ Um was geht es?
- ❐ Wer sagt was zu wem?
- ❐ Wer tut was?

Wie sehen und erleben Sie sich selbst und andere Personen in dieser Situation? – innerer Kontext
- ❐ Was tun Sie? Wie verhalten Sie sich?
- ❐ Was denken Sie?
- ❐ Was denken Sie über die anderen Beteiligten (Anwesenden)?
- ❐ Was denken Sie über sich?
- ❐ Was wollen Sie erreichen? Was wollen Sie vermeiden?
- ❐ Was erwarten – erhoffen – wünschen Sie sich?
- ❐ Was befürchten Sie?
- ❐ Was glauben Sie, dass andere erwarten – erhoffen – wünschen?
- ❐ Was sagen andere Anwesende – zu wem?
- ❐ Wie verhalten sich andere Anwesende?
- ❐ Wie reagieren Sie darauf – innerlich – äußerlich?
- ❐ Welche Bilder gehen Ihnen durch den Kopf?
- ❐ Was sagen Sie zu sich selbst (Selbstgespräche – Tonbandschleifen im Kopf?)
- ❐ Welchen Eindruck haben Sie von sich selbst in dieser Situation?
- ❐ Zu was sind Sie in dieser Situation fähig – oder auch nicht fähig?
- ❐ Was können Sie von sich selbst erwarten – oder auch nicht erwarten?
- ❐ Was können andere von Ihnen erwarten – oder auch nicht erwarten?
- ❐ Wie sind Sie aus der Situation herausgegangen?

Im Nachhinein ...
- ❐ Wie zufrieden waren/sind Sie mit dem „Ergebnis"?
- ❐ Welchen Anteil hatten Sie selbst daran?
- ❐ Welches „Risiko" sind Sie eingegangen?
- ❐ Welches „Risiko" haben Sie vermieden?
- ❐ Welche Folgen, Nach- und Nebenwirkungen sind mit dem „Ausgang", dem „Ergebnis" verbunden?
- ❐ Was würden Sie nochmals genau so tun? Was würden Sie anders tun?

Abb. 1: Analyse einer Konfliktsituation

1.1 Konflikterleben und Konfliktwahrnehmung

Subjektive Einschätzung

Wie erleben wir einen Konflikt? Welche Rolle spielt dabei unsere Wahrnehmung? Welche Bedeutung haben Prozesse der subjektiven Einschätzung einer Konfliktsituation? Mit diesen Fragen werden wir uns zuerst befassen.

1.1.1 Wie erleben wir einen Konflikt?

Veränderungen in unserem Umfeld können zu Konflikten führen, in die wir involviert werden bzw. uns involvieren lassen. Wie sich eine konflikthafte Situation entwickelt und was daraus wird, d. h. welche Dynamik, Brisanz und Bedeutung ein Konflikt für uns gewinnt, gestaltet sich auf der persönlichen Ebene.

Das persönliche Konflikterleben

Im Zentrum des Konfliktgeschehens steht daher zunächst das persönliche Konflikterleben. Das Konflikterleben zeigt sich insbesondere darin, wie wir eine Situation bzw. Aspekte einer Situation empfinden, wahrnehmen, einschätzen und bewerten und es zeigt sich auch in den Folgen dieser inneren, seelisch-geistigen Prozesse. Konflikte unterbrechen eingespielte Gewohnheiten, vertraute Handlungsabläufe. Sie berühren uns emotional, machen betroffen, rütteln uns auf, veranlassen uns nachzudenken, uns neu zu orientieren.

Ein Konfliktereignis lässt sich daher beschreiben als ein Geschehen, das für die betroffene Person subjektiv bedeutsam ist, in das sie sich stark involviert fühlt, d. h. das eine starke gefühlsmäßige Beteiligung hervorruft.

1.1.2 Welche Rolle spielt die Wahrnehmung? – Konflikte im Auge der BetrachterInnen

Wahrnehmung „im Auge des Betrachters“

Im Alltag gehen wir meist selbstverständlich davon aus, dass unsere Wahrnehmung „äußere“ Ereignisse so wiedergibt, „wie sie sind“. Unsere Wahrnehmung vermittelt uns jedoch kein schlichtes Abbild von äußeren Vorgängen bzw. „äußerer Wirklichkeit“. Diese entsteht „im Auge des Betrachters“. Was uns gleichgültig ist, Vorgänge, die keine Gefühle in uns auslösen, nehmen wir meist gar nicht bewusst wahr. Von der Vielfalt der zeitgleich und ständig auf uns einwirkenden Reize filtern wir das heraus, wofür wir persönliche „Antennen“ haben.

Beispiel

Einer Teamleitung ist es enorm wichtig, dass Sitzungen pünktlich beginnen und auch pünktlich enden. Ein anderes Teammitglied hat dafür keine „Antenne“. Ihm ist es viel wichtiger, dass vorab vereinbarte Tagesordnungspunkte auch bearbeitet werden und zwar auch um den Preis einer „zeitlich verlängerten“ Teamsitzung.

Wie gesagt filtern wir von dem, was wir über unsere Sinnesorgane an Reizen angeboten bekommen vor allem das heraus, was uns „wichtig" ist und uns emotional berührt.

Was uns „wichtig" ist

Ein und dieselbe „objektive" Situation kann zu sehr unterschiedlichen subjektiven Situationserfahrungen führen. Ereignisse, Situationen gewinnen für uns eine persönliche Bedeutung, indem wir sie auf der Grundlage unserer Erfahrungen, Einstellungen und Werte, unserer Erwartungen, Interessen und Ziele interpretieren und entschlüsseln (vgl. *Zimbardo/Gerrig* 1999, S. 426 ff).

Beispiele

- Zwei Mitglieder eines Projektteams, A und B, erhalten in einer Planungssitzung gleichlautende Arbeitsaufträge, die für beide neue Aufgaben beinhalten, deren Umsetzung sie in ihrem jeweiligen Verantwortungsbereich eigenständig steuern sollen. A sieht darin eine Möglichkeit, seine Fähigkeiten und Kompetenzen darstellen zu können. Person B ist skeptisch und vermutet, dass die Projektgruppenleitung, sie damit „in die Pfanne hauen" will.
- In einem teuren Restaurant wird eine Suppe gereicht, die zu salzig geraten ist. Kunde A lässt die Suppe mit freundlichen, aber bestimmten Worten sofort zurückgehen. Für ihn ist dieses Ereignis etwas unangenehm, aber letztlich ohne Belang. Schließlich hat er hier schon häufig gut gegessen und schätzt den aufmerksamen Service.
  Kunde B ist gekränkt und empört. Denn er ist derzeit knapp bei Kasse, so dass er sich dieses Restaurant eigentlich kaum leisten kann. Aber er wollte seiner neuen Freundin etwas Herausragendes bieten. Zudem erinnert ihn diese Situation an ein anderes unangenehmes Ereignis. Als er zu seiner letzten Freundin besonders aufmerksam sein wollte, lud er sie in ein Konzert ein – und hatte die schlechtesten Plätze hinter den Pfosten erhalten, so dass sie die Musikband fast nicht sehen konnten.

Wahrnehmung ein wirklichkeitserzeugender Vorgang

Die Beispiele sollen zeigen, dass unsere Wahrnehmung ein wirklichkeitserzeugender Vorgang ist. Unsere Wirklichkeitskonstruktion beruht darauf, dass wir im Prozess des Wahrnehmens unsere persönlichen Erwartungen, Einstellungen, Erfahrungen und die uns zur Verfügung stehenden Erklärungs- und Deutungsmuster anwenden und dadurch erst Ereignisse identifizieren und bewerten, so dass sie für uns – subjektiv – auch bedeutsam werden.

Konstruktivistische Erkenntnistheorie 'Erfahrungswirklichkeit'

Diese Sichtweise wird auch vertreten von der konstruktivistischen Erkenntnistheorie. Sie geht von der Prämisse aus, „dass wir nie mit der Wirklichkeit an sich umgehen, sondern stets mit unserer eigenen 'Erfahrungswirklichkeit'" (*Bardtmann/Kersting/Vogel* 1992, S. 11; vgl. auch *Fischer* 1995; von *Glasersfeld* 1995; *Roth* 1995; *Kriz* 1995), d. h. mit den Bildern und Konstruktionen von Wirklichkeit in unseren Köpfen (hierzu *Watzlawick* 2003; *Watzlawick* u. a. 1984).

Die Art und Weise, wie wir denken, fühlen und handeln im Hinblick auf bestimmte Ereignisse, Vorkommnisse und Anforderungen in unserem Umfeld, hängt sowohl von äußeren Gegebenheiten ab, wie auch von unserem Erfahrungsschatz und unseren inneren Strukturen, auch als „persönlicher Bezugsrahmen" bzw. „frames of references" bezeichnet.

„persönlicher Bezugsrahmen" bzw. „Frames of references"

Gemeint ist damit die Summe aller von einem Menschen im Verlaufe seines Lebens entwickelten Denk-, Gefühls-, Einstellungs-, Willens-, Handlungs- und Reaktionsmuster. Sie bilden die biographisch erworbenen Filter, auf deren Hintergrund „äußere Realität" wahrgenommen, bewertet und verarbeitet wird.

Biographisch erworbene Filter

Oft ist in diesem Zusammenhang auch die Rede von „internalen Prozessen", die „selbst-referenziell"- auf die eigenen Denk-, Erfahrungs-, Einstellungs- und Bewertungsmuster hin ausgerichtet werden. Unsere Grundeinstellung zu Konflikten ist eine – sicher auch erfahrungsabhängige – innere Struktur, die sowohl unsere Konfliktwahrnehmung, -einschätzung wie auch unser Verhalten beeinflusst.

Transfer auf die Beispiele

Zurück zu den gerade skizzierten Beispielen:

Die beiden Projektgruppenmitglieder wie auch die beiden Gäste im Restaurant haben zusätzlich zu ihren verschiedenen Vorerfahrungen unterschiedliche Einstellungen zu diesem Ereignis.

- Projektgruppenmitglied A hat evtl. schön öfter die Erfahrung gemacht, neue Arbeitsanforderungen bestens bewältigen zu können und hofft, sich dieses Mal mit einer „Glanzleistung" für eine Leitungsposition in der Einrichtung empfehlen zu können.
  Projektgruppenmitglied B ist erst seit kurzem in der Einrichtung und kennt die Projektgruppenleitung aus den zwei vorausgegangenen Sitzungen. Aufgrund der von ihr übernommenen Funktion einer Gruppenleitung wurde sie – ihrer Meinung nach vorschnell – in die Projektgruppe berufen.

- Gast A ist überzeugt, dass er ein Anrecht auf das Beste hat. Diese Überzeugung hat sich bei ihm seit früher Kindheit entwickelt und verfestigt. Ein dementsprechendes Verhalten erwartet er von anderen. Das heißt, die Suppe ist einerseits unbedeutend für ihn, weil er es nicht auf sich persönlich bezieht, andererseits wird er das Versagen des Kochs nur einmal Mal tolerieren. Wenn es nochmals passiert, boykottiert er das Restaurant, und erzählt dies selbstverständlich auch seinen Geschäftspartnern und Freunden.

- Gast B hat als Jüngster in einer Familie mit vielen Geschwistern öfters die Erfahrung gemacht, mit dem abgespeist zu werden, was andere übrig lassen. Er geht mehr oder weniger bewusst davon aus, dass der Koch ihm die salzige Suppe zukommen lässt, weil er ihn als unwichtigen Gast einschätzt. Eine salzige Suppe löst also die Erinnerung an eine Kränkung in ihm aus. Dementsprechend ist sein Verhalten heftig, schließlich wird vermeintlich sein Selbstbewusstsein angegriffen – und dies noch vor der neuen Freundin und dem Hintergrund der Geldknappheit.

Welche Schlussfolgerung können wir daraus ziehen? – Fazit

Subjektive Sichtweisen kennen lernen

- Folgen wir der konstruktivistischen Sicht, so ist die Wahrnehmung, die Einschätzung und Bewertung einer Situation durch die Beteiligten von ausschlaggebender Bedeutung.
- Der Weg zum Konflikt führt immer „über die Köpfe und Herzen" der an ihm beteiligten Personen.
- Will man die Konfliktträchtigkeit einer Situation, einer Arbeitgruppe, einer Organisation erfassen, so gilt es vor allem, die subjektiven Sichtweisen aller Beteiligten kennen zu lernen bzw. sich darüber zu informieren. Erst dadurch kann deutlich werden, welche Sachverhalte, Abläufe, Regeln, Erwartungen, Beziehungen von Seiten der Beteiligten aus ihrem jeweiligen Erfahrungshintergrund und ihrer jeweiligen Position heraus als problematisch, schwierig, hinderlich, konflikthaft wahrgenommen und bewertet werden.

1.1.3 Welche Bedeutung haben Prozesse der subjektiven Einschätzung einer Konfliktsituation?

Bewältigung kritischer Lebensereignisse

Um die Vorgänge beim Konflikterleben noch detaillierter zu verdeutlichen, bedienen wir uns nun einiger Modellvorstellungen, die von den amerikanischen Psychologen und Stressforschern *Lazarus/Folkman* (1984) auf der Basis von Studien zur Bewältigung kritischer Lebensereignisse entwickelt wurden. Im Zentrum dieses Modells steht die subjektive Einschätzung eines Ereignisses. Diese bestimmt, ob das Ereignis als (potenziell) „konflikthaft" wahrgenommen und bewertet wird.

Die subjektive Einschätzung

- umfasst zugleich die gefühlsmäßig intuitive wie auch kognitive Einschätzung der für die Bewältigung einer konflikthaften Situation verfügbaren Ressourcen durch die betroffene Person und
- kann bereits als Form der Bewältigung des konflikthaften Ereignisses bzw. als ein Lösungsversuch gesehen werden.

Konflikterleben

Entscheidend für das Konflikterleben ist es, wie die beteiligte Person intrapersonale – gefühlsmäßige, geistige, körperliche – Veränderungen und Veränderungen in ihrem Umfeld empfindet, wahrnimmt, deutet, bewertet, verarbeitet und zu welchen Schlüssen sie dabei kommt.

Ein Konfliktereignis kann z. B. erlebt und eingeschätzt werden als

a) ***störend:*** Das ist dann der Fall, wenn Konflikte eingespielte Gewohnheiten, vertraute Handlungsabläufe unterbrechen. Wir werden veranlasst oder gezwungen einzuhalten, nachzudenken, uns neu zu orientieren, möglicherweise auch etwas anderes als bisher, etwas Neues zu tun.

Beispiel

- ❐ Die Geschäftsführung lädt zu einem Strategieworkshop ein, auf dem neue Produktideen vorgestellt und die Möglichkeiten eines neuen Geschäftsfeldes ausgelotet werden sollen. Als Einrichtungleitung finde ich das Vorhaben einerseits interessant, habe angesichts des Personalabbaus und der zunehmenden Arbeitsdichte in meinem Verantwortungsbereich jedoch andere „Probleme“.
- ❐ Eine Kollegin hat neue Ideen zur Gestaltung der Arbeitsabläufe in unserem Team. Ich will sie einerseits in ihrem Handlungsdrang nicht stoppen, andererseits müsste ich mich dann in neue EDV-Techniken einarbeiten und hätte weniger Zeit für meine KundInnen, bzw. KlientInnen.

b) ***belastend:*** Wir sind angespannt, spüren einen dringlichen Handlungsbedarf und fühlen uns unter Druck, zu einer Lösung zu kommen.

c) ***bedrohlich/gefährlich:*** Wir nehmen gedanklich mögliche Entwicklungen vorweg und befürchten z. B., dass der Konflikt sich zuspitzen, eskalieren oder sich ausweiten kann und wir Gestaltungs- und Kontrollmöglichkeiten verlieren (z. B. drohende Entlassung, Kündigung, Versetzung).

Beispiel

Der neue Chef will mir zusätzliche Arbeitsaufgaben übertragen, obwohl ich bereits jetzt an der Leistungsgrenze agiere. Ich will jedoch keine Auseinandersetzung mit dem Chef riskieren, aber genauso wenig vermehrten Stress und Überlastung in Kauf nehmen.

d) ***schädigend,*** dann wenn bestimmte negative Konsequenzen bereits eingetreten sind (z. B. Verlust des Arbeitsplatzes);

e) ***herausfordernd:*** Wenn wir das Gefühl haben und zu der Einschätzung kommen „damit werde ich schon fertig". Wir glauben eine Konfliktsituation unter Kontrolle bringen zu können und den Konflikt (auch) im Sinne eigener Interessen und Ziele, zum eigenen Nutzen lösen zu können. (vgl. hierzu auch *Bandura* 1995 [1]).

Diese Dimensionen sind nicht trennscharf. Meistens überlagern sich solche Einschätzungsprozesse in Konfliktsituationen und verändern sich abhängig vom Konfliktverlauf.

Transferaufgabe

Bitte rufen Sie sich die von Ihnen analysierte Konfliktsituation nochmals in Erinnerung.

- ❒ Wie haben Sie diese Situation mit Blick auf sich selbst, „subjektiv", eingeschätzt: als störend, belastend, schädigend, herausfordernd?
- ❒ Welche Erfahrungen, Einstellungen, Bewertungen standen für Sie bei dieser Einschätzung im Vordergrund?

„Ressourcen" hinsichtlich ihrer Tauglichkeit einschätzen

Ob ein Ereignis als konfliktträchtig erlebt, gesehen und bewertet wird, hängt auch davon ab, ob und wie wir die uns für die Bewältigung der spezifischen externen und / oder internen Anforderungen zur Verfügung stehenden Mittel, Möglichkeiten und Wege – kurz „Ressourcen" – sehen und wie wir diese hinsichtlich ihrer Tauglichkeit zur Konfliktlösung einschätzen.

Was verstehen wir in diesem Zusammenhang unter „Ressourcen"?

Unter „Ressourcen" verstehen wir ein Potenzial von Mitteln und Möglichkeiten, auf die wir bei unseren Konfliktlösungsbemühungen zurückgreifen können. Auch die Einschätzung unserer Ressourcen ist ein Prozess, der unbewusst, intuitiv, emotional aber auch bewusst, willentlich, systematisch verlaufen kann.

Wir überlegen, fragen uns bzw. überprüfen, was wir tun können, welche Mittel und Möglichkeiten wir haben, die Belastungen, Bedrohungen, Herausforderungen zu bewältigen und unser Wohlbefinden, unsere Interessen zu sichern oder auch wiederherzustellen.

[1] Bandura räumt der Selbstwahrnehmung der eigenen Wirksamkeit und den „Selbstwirksamkeits-Urteilen" eine zentrale Bedeutung für das Denken, Fühlen und Handeln einer Person ein. Vgl. hierzu auch unten Ziff. 1.3.6.1

Auf welche Ressourcen können wir grundsätzlich zurückgreifen? Hier einige Beispiele:

Ressourcen

Persönliche Ressourcen

Wissen
Lern- und Sozialisationserfahrungen und entsprechende Wissensbestände, die wir im Laufe unseres Lebens in unterschiedlichen Situationen und Lebensbereichen erworben haben. Sie haben nicht nur einen individuell-biographischen Hintergrund, sondern sind auch durchdrungen von bildungs- (schicht-) und geschlechtsspezifischen Lernprozessen.

Selbstkonzept und Selbstwertgefühl
Menaghan (1983) unterscheidet zwischen Einstellungen zur „eigenen Person" und denen „über die Welt". Zu ersteren gehören vor allem solche über die eigene Identität, wie z. B. unser Selbstkonzept und Selbstwertgefühl. Beides beeinflusst sowohl unsere Wahrnehmung von Konflikten wie auch unsere Reaktionen und Bewältigungsverhalten. Ein positives Selbstkonzept und Selbstwertgefühl wirkt emotional anregend und stressreduzierend. In gleicher Weise wirken offensichtlich (interne) Kontrollüberzeugungen, bei denen eine Person der Auffassung ist, dass sie einer Situation, einem Ereignis nicht hilflos ausgeliefert ist und auf einen Konfliktverlauf eher zu ihren Gunsten Einfluss nehmen kann (siehe auch hierzu *Bandura* 1995).

Soziale und kommunikative Kompetenzen
Eine wichtige Rolle als personale Ressource spielen auch Fähigkeiten zu einem konkret erforderlichen und adäquaten Handeln. Hierzu gehören sowohl sozial-kommunikative Kompetenzen, wie auch Problemlösungsfähigkeiten und das erforderliche einschlägige, spezifische Wissen. Weiß ich aus eigener Erfahrung, dass ich in vergleichbaren Situationen dank eigener Fähigkeiten, Fertigkeiten und Kenntnisse eine ähnlich gelagerte (Konflikt-) Situation bewältigen konnte, werde ich offensiver, zuversichtlicher in ähnliche Auseinandersetzungen gehen.

Materielle Ressourcen, Einfluss, Macht, Kompetenzspielräume

Sach- und Finanzmittel
Hierzu zählen z. B. Geld, Werkzeuge, Ausrüstung, Raum- und Personalausstattung (z. B. in Betrieben und Einrichtungen).

Einfluss, Macht …
Macht und Einfluss sind in der Regel mit bestimmten Positionen verbunden (z. B. formell verankerte Positionen in der Betriebshierarchie). Macht und Einfluss können jedoch auch mit eher informellen Positionen und Rollen verbunden sein (z. B. Meinungsführer in einer Gruppe).

Soziale Ressourcen

Soziales Netzwerk
Der Begriff „soziale Ressourcen" bezieht sich vor allem auf ein „soziales Netzwerk", d. h. auf die sozialen Beziehungen, in die eine Person eingebunden ist und darauf, ob und inwieweit diese für die eigene Problemlösung mobilisiert werden können. Konkreter gefasst geht es darum inwieweit Personen aus dem sozialen Umfeld tatsächlich Hilfe und Unterstützung leisten (können).

Fortsetzung Ressourcen

Beratung, Information
Die Unterstützung kann in verschiedenen Formen realisiert werden (vgl. *House* 1981): als direkte Hilfeleistung, Beratung und Information, emotionale Unterstützung, Zuwendung und klärendes Feedback, das einer Person eine adäquate Einschätzung von sich und ihren Handlungsmöglichkeiten erlaubt. Dazu gehören auch professionelle Beratungs- und Unterstützungsangebote.

Ideelle-kulturelle Ressourcen

Normen, Regelungen
Hierzu gehören alle Regelungen (Gesetze, Verträge, aus Leitbildern abgeleitete Regelungen u. a.), auf die sich Menschen in Konfliktsituationen stützen und auf die Sie zum Zweck der Konfliktregulierungen zurückgreifen können (vgl. *Beck/Schwarz* 2006).

Verfahrensweisen
Gemeint sind hiermit bestimmte Prozeduren, (gesetzlich oder auch anderweitig) vorgegebene oder vereinbarte und festgelegte Vorgehensweisen, die Schritte einer Konfliktregulierung verpflichtend vorgeben oder auch empfehlen (vgl. *Beck/Schwarz* 2006).

Abb. 2: Ressourcen

Transferaufgabe

Bitte gehen Sie nochmals zurück zu Ihrer Konfliktanalyse.

- ❒ Überlegen Sie, welche Ressourcen Ihnen in dieser Situation zur Verfügung standen. Orientieren Sie sich dabei an den soeben aufgelisteten Beispielen.
- ❒ Gab es – rückblickend gesehen – Ressourcen, die Sie in der Konfliktsituation eventuell gar nicht wahrgenommen haben?

1.2 Innere Konflikte

Merkmale eines Konflikts

Im letzten Abschnitt standen individuelle Komponenten des Konfliktgeschehens, insbesondere die subjektive Wahrnehmung, die gefühlsmäßige und kognitive Einschätzung und Bewertung einer potenziellen Konfliktsituation im Mittelpunkt unserer Betrachtung. Nun konzentrierten wir uns auf die Frage nach den charakteristischen Merkmalen eines Konflikts und befassen uns etwas detaillierter mit „inneren Konflikten“.

1.2.1 Wann liegt ein innerer Konflikt vor

Ein innerer Konflikt liegt dann vor, wenn

- wenigstens zwei innere Tendenzen, Kräfte, Stimmen zur selben Zeit erlebt wahrgenommen, gehört werden;
- diese inneren Kräfte von einer Person als zeitgleich unvereinbar eingeschätzt werden;
- die Verwirklichung einer Bestrebung der anderen widerspricht oder sie beeinträchtigt;
- die Person der Auffassung ist, dass entweder nur das eine oder das andere realisierbar ist, d. h. dass eine entweder-oder-Logik (Ausschlussprinzip) gilt (vgl. *Glasl,* 2004, S. 13 ff; *Mahlmann,* 2000, S. 33).

1.2.2 Welche Varianten lassen sich unterscheiden?

Eine differenzierte Beschreibung innerer Konflikte hat *Kurt Lewin* (1935; 1951) vorgenommen. „Konflikt" im Sinne von Lewin ist eine Situation, in der gleichzeitig entgegengesetzte, aber annähernd gleich starke Kräfte auf eine Person einwirken. *Lewin* unterscheidet drei Varianten innerer Konflikte:

- Annäherungs-Annäherungskonflikt (Appetenzkonflikt): Entscheidung zwischen zwei positiven Möglichkeiten; *Appetenzkonflikt*
- Vermeidungs-Vermeidungs-Konflikt (Aversionskonflikt): Entscheidung zwischen zwei negativen Möglichkeiten; *Aversionskonflikt*
- Annäherungs-Vermeidungskonflikt (Appetenz-Aversionskonflikt): Entscheidung zwischen zwei Alternativen, wobei jede – für sich genommen – positive wie negative Komponenten aufweist. *Appetenz-Aversionskonflikt*

Schauen wir uns nun diese Kategorien innerer Konflikte etwas genauer an.

Der Annäherungs-Annäherung-Konflikt

Beispiel

Sie haben die Wahl zwischen

- einer für Sie hoch attraktiven und gut dotierten Führungsposition, die von Ihnen jedoch „bedingungslose" Mobilität und Flexiblität erfordert. Konkret heißt dies, dass Sie damit rechnen müssen, an mindestens vier Tagen in der Woche (und ca. 10–14 Stunden pro Tag) bundesweit an unterschiedlichen Einsatzorten tätig zu sein. Ein Tag pro Woche ist für die Bürotätigkeit vorgesehen.

und

- einer Sie mäßig herausfordernden neuen Führungsposition, angemessenem Gehalt (15 % mehr als bisher jedoch 40 % weniger als die erst genannte Alternative) und vergleichsweise regelmäßiger, überschaubarer (ca. 8 Stunden täglich) Arbeitzeit.

In beiden Fällen befindet sich Ihr zukünftiges Büro in Ihrem jetzigen Wohnort, an dem Sie vor kurzem mit Ihrem Lebenspartner ein ausbaufähiges Reihenhaus gekauft haben, das sie gemeinsam bewohnen. Ihr Partner hat vor 1/2 Jahr in der Nachbarstadt (30 km entfernt) eine neue Stelle angetreten.

Merke

Ein Annäherungs-Annäherungs-Konflikt liegt dann vor, wenn wir zwischen mindestens zwei für uns gleichermaßen wichtigen und erstrebenswerten Zielen entscheiden müssen und sich diese Ziele nicht gleichzeitig realisieren lassen. Die Entscheidung für ein Ziel bedeutet für uns auf das andere Ziel zu verzichten. Kennzeichnend für das Konflikterleben sind hier vor allem Gefühle der Herausforderung.

Gefühle der Herausforderung

Der Vermeidungs-Vermeidungs-Konflikt

Beispiel

Sie werden als Mitarbeiter/in einer Einrichtung für betreutes Wohnen zum wiederholten Male mit einem für Sie gänzlich unpassenden Dienstplan für den Folgemonat konfrontiert. Eine Änderung dieses Dienstplanes ist nur zu erreichen über ein Gespräch mit der dafür zuständigen Einrichtungsleitung, die Sie als „verständnislose" und „aufbrausende" Vorgesetzte einschätzen.

Merke
Von einem Vermeidungs-Vermeidungs-Konflikt sprechen wir, wenn wir uns veranlasst oder gezwungen sehen, zwischen mindestens zwei Möglichkeiten entscheiden zu müssen, die wir gleichermaßen als für uns unangenehm, bedrohlich, unattraktiv einschätzen. In einer solchen Situation befinden wir uns gewissermaßen in einem negativen Dilemma. Wir sehen oder haben keine positive Alternative, sondern nur die Möglichkeit, das kleinere Übel zu wählen. Das Gefühlsleben wird in diesem Fall durch Gefühle der Bedrohung, Schädigung, Verlust, Stress und Störung bestimmt.

Gefühle der Bedrohung

Der Annäherungs-Vermeidungs-Konflikt

Beispiel

Manfred Fritsch steht vor der Entscheidung, ob er

- ❒ unmittelbar nach seinem gerade abgeschlossenen Masterstudium gleich ein Promotionsstudium an der Universität Upsana aufnehmen soll (da er in jedem Falle promovieren möchte) – oder
- ❒ zunächst eine attraktive, ihm angebotene Leitungsstelle annehmen, seine bisherigen Leitungs- / Führungserfahrungen ausbauen und nach zwei bis drei Jahren in ein Promotionsstudium einsteigen soll.

Beide Alternativen haben Vor- und Nachteile. Z. B.

Alternative A

- ❒ *Vorteile könnten sein:* „Ich bin hoch motiviert und noch gut im Lernen drin und könnte diesen Schwung nutzen für die Promotion."
- ❒ *Nachteile könnten sein:* „Es dauert zu lange bis ich dann nach abgeschlossener Promotion meine Führungs- und Leitungspraxis ausbauen kann. Was ist, wenn ich dann keine adäquate Führungsposition bekomme?"

Alternative B

- ❒ *Mögliche Vorteile:* „Ist es nicht sinnvoller, zunächst die Leitungsstelle anzunehmen und solide Managementerfahrungen zu sammeln? Nach 2 bis 3 Jahren kann ich dann noch immer ein Promotionsstudium aufnehmen.
- ❒ *Mögliche Nachteile:* „Ob ich nach zwei Jahren Managementtätigkeit nicht schon zu weit weg bin vom Studium? Vielleicht ist dann die Luft raus für eine Promotion. Ob ich dann noch die Kurve kriege?"

Merke
Typisch für einen Annäherungs-Vermeidungs-Konflikt ist es, dass eine Entscheidung, vor der wir stehen sowohl Vor- wie auch Nachteile, Angenehmes wie auch Unangenehmes mit sich bringen kann. Wir befürchten, dass eine klare Entscheidung nicht mehr zu korrigierende Nachteile mit sich bringt und wir unwiderruflich Chancen vergeben.
Das Konflikterleben wird hier vor allem durch Gefühle von potenziellem Verlust und Schädigung bestimmt.

Gefühle von potenziellem Verlust

1.3 Welche intrapsychischen Strukturen und Prozesse nehmen Einfluss auf das Zustandekommen von Konflikten? – Ausgewählte Theorieansätze

Im Konzert der Wissenschaften befasst sich vor allem die Psychologie mit den individuellen, persönlichen Hintergründen von Konflikten. Sicher werden Sie nicht überrascht sein, wenn auch die psychologische Forschung hierfür unterschiedliche Antworten bereithält.

Die Erkenntnisse einiger Theorieansätze, mit deren Hilfe wir innere Konflikte besser verstehen und daher auch gezielter für Handlungsschritte nutzen können, werden wir nachfolgend in knapper Form aufgreifen. Wir konzentrieren uns dabei auf

Dissonanztheorie

humanistische Psychologie

sozial-kognitiver Ansatz

- einen sozialpsychologischen Ansatz, die Dissonanztheorie,
- ausgewählte tiefenpsychologische Ansätze,
- den personenzentrierten Ansatz von *Carl Rogers,* ein Vertreter der humanistischen Psychologie,
- den sozial-kognitiven Ansatz von *Bandura/Michel,* der in den traditionellen Lerntheorien wurzelt und
- das Neuroliriguistische Programmieren (NLP).

Schauen wir zunächst, was ein sozialpsychologischer Ansatz uns zum Verständnis innerer Konflikte sagen kann.

1.3.1 Ein sozialpsychologischer Ansatz: die Dissonanztheorie

Eine bekannte Annahme der Einstellungsforschung besagt folgendes: Menschen streben nach Konsistenz. Sie gehen bevorzugt davon aus, dass ihre Einstellungen über die Zeit hinweg konsistent, d.h. fest, stabil sind. Im Rahmen der sozialpsychologischen Forschung wurde dieses Strebens nach Konsistenz mit Hilfe der Theorie der kognitiven Dissonanz untersucht. Diese Theorie wurde von *Leon Festinger* (1978), einem Schüler von *Kurt Lewin* entwickelt.

Theorie der kognitiven Dissonanz

Was besagt die Theorie der kognitiven Dissonanz?

„Kognitive Dissonanz“ bezeichnet einen konflikthaften Zustand, den eine Person erlebt, nachdem sie

- eine Entscheidung getroffen hat,
- eine Handlung ausgeführt hat oder auch
- einer Information ausgesetzt worden ist,
- die zu ihrer vorherigen Meinung, ihren vorherigen Gefühlen oder Werten im Widerspruch steht.

Festinger geht davon aus, dass ein aversiver Zustand entsteht, den die betroffene Person gerne beseitigen oder zumindest reduzieren möchte, wenn ihre Kognitionen über das eigene Verhalten und die eigenen Einstellungen, die dieses Verhalten betreffen, miteinander unvereinbar (dissonant) sind. Aktivitäten zur Reduktion der Dissonanz verändern diesen unangenehmen Zustand und dienen zugleich dazu, eine neue Konsonanz unter den Kognitionen herbeizuführen. Dissonanzen wirken motivierend. Sie bewegen uns dazu etwas zu tun, um ein unangenehmes Gefühl loszuwerden oder es zu reduzieren. Je höher bzw. stärker eine Dissonanz desto größer ist üblicherweise auch die Motivation, sie zu beseitigen.

Reduktion der Dissonanz

Menschen greifen auf unterschiedliche Mechanismen zurück, um konflikthafte Zuständen dieser Art zu „bewältigen". Unter Ziff. 1.4 werden einige dieser Bewältigungsmechanismen vorgestellt.

1.3.2 Tiefenpsychologische Ansätze

Die tiefenpsychologischen Ansätze betonen insbesondere die unbewussten/ bewussten Motive und Dynamiken menschlichen Handelns. Über die Innenschau, die Introspektion soll erklärt werden, warum ein Mensch innere Konflikte hat. Die Bezeichnung „Tiefenpsychologie" ist ein Sammelbegriff, dem vor allem die Psychoanalyse *Sigmund Freuds* (1856–1939), die Analytische Psychologie von *Carl Gustav Jungs* (1875–1961) und die Individualpsychologie *Alfred Adlers* (1870–1937) zugeordnet werden.

1.3.2.1 Psychoanalyse – Sigmund Freud

Sigmund Freud, der Begründer der Psychoanalyse, geht davon aus, dass sich unterdrückte Bedürfnisse, Wünsche und unbewusste Konflikte in allen Lebensäußerungen des Menschen zeigen. Für das Verstehen von Konflikten ist insbesondere das Strukturmodell der Persönlichkeit von Bedeutung. Bekanntlich unterscheidet hier zwischen den inneren Instanzen: Es, Ich, Über-Ich (vgl. *Freud* 1971; 1972).

Strukturmodell der Persönlichkeit Es, Ich, Über-Ich

Im „Es", dem biologischen Substrat, sieht *Freud* den Ursprung aller Triebenergie, wozu Selbsterhaltungs- bzw. Sexualtrieb (Libido) und Todes- bzw. Aggressionstrieb gehören. Das Es agiert nach dem Lustprinzip, d.h. es drängt nach sofortiger, totaler Triebbefriedigung, handelt spontan, impulsiv, überlegt nicht, übersetzt Triebimpulse sofort in Verhalten/Handlungen, kann keine Frustration ertragen, kümmert sich nicht um die Realität.

„Es" Triebenergie Lustprinzip

Das Über-Ich beinhaltet die verinnerlichten Werte und Normen, sagt im moralisch-ethischen Sinne, was getan werden soll/darf, was zu unterlassen ist. Es hat die Funktion des Gewissens, bewertet und beurteilt.

Über-Ich Gewissen

„Ich" ist dem Realitätsprinzip verpflichtet

Das aus dem Es resultierende Streben nach Lust ist nach psychoanalytischer Auffassung oft nicht vereinbar mit dem, normativen Maßstäben verpflichteten Über-Ich. Hier kommt nun die Person-Instanz, das „Ich" ins Spiel. Das „Ich" ist dem Realitätsprinzip verpflichtet und hat die Funktion der Selbstkontrolle in der Vermittlung zwischen

- Triebimpulsen des Es, den
- normativen Anforderungen des Über-Ich und
- den Erwartungen / Anforderungen / Gegebenheiten der jeweiligen Umwelt (Realität).

Aufrechterhaltung eines positiven Selbstwertgefühls

Das Ich zielt auf die Aufrechterhaltung / Wiederherstellung eines positiven Selbstwertgefühls. Seine Aufgabe wird darin gesehen, Handlungsimpulse des Es in der Weise zu modifizieren, dass sie mit den Anforderungen des Über-Ichs in Einklang gebracht werden können oder ihnen gerecht werden. Gelingt dem Ich diese Vermittlungsarbeit, so bleibt das Verhältnis zwischen diesen Instanzen einigermaßen konfliktfrei. Scheitert das Ich, dann kommt es zu einem inneren Konflikt.

Innere Konflikte sind demnach aus Sicht des psychoanalytischen Modells Ausdruck eines Kampfes zwischen

- den Trieb- und Lustimpulsen des Es,
- den normativen Anforderungen des Über-Ichs
- und den disziplinierenden Realitätsanforderungen des Ichs.

Das Ich greift bei seiner Vermittlungsarbeit auf Abwehrmechanismen zurück (*Freud* o. J.). Diese können als individuelle Reaktionen auf Konflikte bzw. auch als Lösungsversuche gesehen werden (vgl. unten Ziff. 1.4).

1.3.2.2 Analytische Psychologie – Carl Gustav Jung

Anders als *Freud* versteht *Carl Gustav Jung* (1875–1961) unter „Libido" eine „allgemeine Lebensenergie". Diese äußerst sich sowohl in der Suche nach Lust wie auch nach Sinnhaftigkeit. Wie bei *Freud,* so spielt auch für *Jung* das Unbewusste eine zentrale Rolle, indem es unser Streben und Handeln motiviert und steuert (vgl. *Jung* 1963).

Streben nach Selbstentfaltung und Sinn

Individuation bzw. Selbstwerdung

Ein großes Gewicht gibt *Jung* dem Streben nach Selbstentfaltung und Sinn. Aufgabe des Menschen ist es, sich selbst zu verwirklichen und einen Ausgleich zu finden zwischen Bewusstem und (individuellem und kollektivem) Unbewusstem. Dies setzt voraus, dass Einstellungen und psychische Funktionen ausgebildet werden, die dazu dienen unsere Gesamtpersönlichkeit zu entwickeln. *Jung* bezeichnet dies als Individuation bzw. Selbstwerdung.

Innere Konflikte resultieren in diesem Verständnis aus den Prozessen einer gestörten Individuation. Diese ergeben sich in der ersten Lebenshälfte durch Auseinandersetzungen von Es, Ich und Über-Ich (siehe *Freud*), dem persönlichen Streben nach Zugehörigkeit und Geltung und komplexen Prozessen, vermittels derer Minderwertigkeitsgefühle kompensiert werden sollen. Störungen in der Individuation resultieren – so *Jung* – andererseits daraus, dass wir soziale Rollen und Erwartungen zu erfüllen haben, in denen wir jedoch nicht aufgehen dürfen. Es ist wichtig uns davon auch zu distanzieren, um in unserem Prozess der Selbstwerdung voran zu kommen.

Störungen in der Individuation

Die Frage nach dem persönlichen Lebenssinn ist zentrales Thema der zweiten Lebenshälfte. Hier stehen weniger Fragen des Alltags und der alltäglichen Lebensgestaltung auf der Tagesordnung, sondern grundsätzliche Überlegungen und Fragen nach dem „Wieso" und „Wofür?" Innere Konflikte haben hier ihren Nährboden und zwar insbesondere dann, wenn wir zu der „Zwischenbilanz" kommen, einiges in unserem bisherigen Leben verkehrt angepackt und nicht sinnvoll gelebt zu haben. Begriffe wie „Midlifecrisis", Krise der Lebensmitte stehen u. a. auch für diese inneren Konflikte.

„Midlifecrisis"

1.3.2.3 Individualpsychologie – Alfred Adler

Eine interessante Betrachtung zum Verständnis innerer Konflikte bietet auch der individual-psychologische Ansatz von *Alfred Adler* (1993). Der 1875 in Wien geborene Arzt und Begründer der Tiefenpsychologie, ein Schüler *Freuds,* sieht das Verhalten eines Menschen in enger Verbindung mit dessen Selbstwertgefühl. Er nimmt an, dass sich in psychischen Prozessen und Handlungen das menschliche Streben nach Zugehörigkeit, Geltung oder auch Macht ausdrückt. Menschen möchten gestalten, auf Andere Einfluss nehmen. *Adler* geht außerdem davon aus, dass es im Lebensverlauf Phasen gibt, in denen sich Menschen im Vergleich mit anderen minderwertig fühlen und auch darunter leiden. Mit Hilfe des Mechanismus der Kompensation versuchen Menschen solche Gefühle der Minderwertigkeit zu bewältigen.

Streben nach Geltung oder Macht

Mechanismus der Kompensation

Dies kann auf zweierlei Weise geschehen:

- ❐ indem eine Überlegenheit erreicht wird,
- ❐ indem Zugehörigkeit hergestellt wird.

Führen die Prozesse der Kompensation nicht zu dem intendierten Ergebnis, so kann es zu inneren Konflikten kommen.

Beispiel

- ❒ Herr Baumwald unterdrückt seine von den Meinungen anderer Gremienmitglieder abweichende Ansicht, um von diesen akzeptiert und wertgeschätzt zu werden.
- ❒ Er stellt seine eigene Meinung und seine Bedürfnisse zurück oder unterdrückt sie und „überkompensiert" auf diese Weise sein Defizit an Zugehörigkeit.

Allein dies kann schon zu inneren Konflikten führen, die sich noch verstärken, wenn seine Bemühungen nicht zu dem erwünschten Ergebnis – der Wertschätzung und Anerkennung – führen.

1.3.3 Der personenzentrierte Ansatz von Carl Rogers

Streben nach Selbstverwirklichung (Selbstaktualisierung)

Humanistische Ansätze, denen die Persönlichkeitstheorie von *C. Rogers* (1902–1987) zugerechnet wird, betonen insbesondere die „Integrität" der individuellen Persönlichkeit, das Entwicklungspotenzial des Menschen und das angeborene Streben nach Selbsterfüllung und Realisierung des eigenen Potenzials, d. h. das Streben nach Selbstverwirklichung (Selbstaktualisierung). *Rogers* versteht unter Selbstverwirklichung das Streben nach Realisierung des eigenen inneren Potenzials, das Streben nach der Entwicklung eigener Fähigkeiten und Talente. Nimmt eine Person an, dass bestimmte Situationen und die damit verbundenen Erfahrungen das eigene Selbst stützen oder fördern, dann werden die damit einhergehenden Erfahrungen positiv bewertet und diese Situationen aufgesucht (vgl. *Rogers* 1964; 1972; 1981).

Das Konzept der Selbstverwirklichung beinhaltet zugleich die Tendenz des Organismus, „sich aus einer einfachen Struktur komplex zu entfalten, von der Abhängigkeit zur Unabhängigkeit zu streben und die Starrheit zugunsten eines Prozesses der Veränderung und Freiheit zu verlassen." (so *Pervin* 2000, S. 183).

Kongruenz zwischen Selbst und Erfahrung

Selbstkonzept

Von zentraler Bedeutung im Rahmen des Ansatzes von *C. Rogers* sind Selbstkonsistenz und die Kongruenz zwischen Selbst und Erfahrung. Rogers geht davon aus, dass der menschliche Organismus so funktioniert, dass eine Konsistenz, d. h. eine Abwesenheit von Konflikten zwischen den Selbstwahrnehmungen besteht sowie eine Kongruenz zwischen den Wahrnehmungen des Selbst und den eigenen Erfahrungen. Das Individuum tendiert in der Regel dazu, seine Verhaltensweisen in Übereinstimmung mit seinem Selbstkonzept zu bringen.

Beispiele für Kongruenz

- Ein Mitglied des Vorstandes sieht sich selbst als „durchsetzungsfähig" und diskutiert und argumentiert so lange, bis die anderen „klein" beigeben oder überzeugt sind.
- Eine Gruppenleitung sieht sich selbst als „fair" und „gerecht" und bemüht sich redlich, in gleicher Weise den Teammitgliedern ihre Aufmerksamkeit und Unterstützung zukommen zu lassen.

Zu inneren Konflikten kann es dann kommen, wenn es eine Diskrepanz zwischen dem wahrgenommenen Selbst und der aktuellen Erfahrung gibt, d. h. wenn sich ein Zustand der Inkongruenz einstellt. Ein solcher Zustand ist mit Spannung und innerer Konfusion verbunden. Ist der Person diese Diskrepanz nicht bewusst, so ist sie nach *Rogers* potenziell von Angst bedroht. Angst gilt demnach als Resultat einer Diskrepanz zwischen Erfahrungen und Selbstwahrnehmung.

Zustand der Inkongruenz

1.3.4 Verhaltenpsychologisch-sozialkognitiver Ansatz (SKPT)

Verhaltenspsychologische Ansätze konzentrieren sich insbesondere auf das sichtbare Verhalten eines Menschen und suchen nach Anlässen (Reizen), die dieses Verhalten hervorgerufen, ausgelöst haben oder auch aufrechterhalten. Innere Konflikte resultieren aus Sicht verhaltenspsychologischer Ansätze insbesondere aus der Fülle und der Unterschiedlichkeit von Reizen. Wir sind diesen permanent ausgesetzt. Sie strömen auf uns ein und legen uns gleichzeitig verschiedene, nicht miteinander vereinbare Reaktionen nahe.

Fülle und Unterschiedlichkeit von Reizen

Renommierte Vertreter der sozial-kognitiven Persönlichkeitstheorie[2] sind die US-amerikanischen Psychologen *Albert Bandura* und *Walter Mischel.* Die SKPT wurzelt in der traditionellen Lerntheorie (klassische –, operante Lerntheorie), hat sich jedoch von dem ihnen zugrunde liegenden Ansatz des Verstärkungslernens distanziert. Lernen und Entwicklung – so die Annahme – finden auch unabhängig von Verstärkungen statt.

Zahlreiche, von *Bandura, Mischel* u. Mitarb. durchgeführte Studien verweisen auf die Bedeutung kognitiver Prozesse: „Kognitionen" – Denkprozesse – spielen eine zentrale Rolle für das „Funktionieren" des Menschen in allen Bereichen des Lebens. Die SKPT ist heute einer der bedeutendsten Ansätze auf dem Gebiet der Persönlichkeitsforschung (SKPT). Dieser Ansatz wird daher im Folgenden in seinen Grundannahmen kurz vorgestellt (vgl. *Bandura* 1989 a, b).

Persönlichkeitsforschung

[2] im Folgenden abgekürzt als SKPT.

1.3.4.1 Was sind die „Basisannahmen der SKPT?"

„Situations-Verhaltensmuster"

Die SKPT sieht das menschliche Verhalten als Ergebnis einer Interaktion von Person und Umwelt. Menschen können ihr Verhalten je nach Umständen in der Umwelt ändern. Verhalten ist situationsspezifisch. Menschen werden in diesem Ansatz eher als proaktiv, denn als reaktiv angesehen. Sie setzen sich eigene Standards und Ziele, anstatt schlicht auf Erfordernisse der Umwelt zu reagieren. Weiter wird davon ausgegangen, dass Menschen unverwechselbare Muster zeigen, sich in einer bestimmten Situation (Situationstyp) zu verhalten = „Situations-Verhaltensmuster". Diese werden als konstitutiv für die Persönlichkeit angesehen.

Die SKPT versteht „Persönlichkeit" nicht als ein Bündel „situationsübergreifender Strukturen" („unveränderbare Wesenszügen" bzw. „konsistente Eigenschaften"). Aus ihrer Sicht ist es wichtiger zu wissen, in welchen Situationen sich eine Person z. B. „sozial kompetent" oder „inkompetent" bzw. „extravertiert" oder „introvertiert" zeigt, als z. B. ihr allgemeines Niveau der Sozialkompetenz bzw. Extraversion / Introversion im Vergleich zu anderen Individuen zu kennen.

1.3.4.2 Welche Vorstellungen von „Persönlichkeit" kennzeichnen den sozial-kognitiven Theorieansatz und was sind seine zentralen Sichtweisen (Teilkonzepte)?

Wenn in der SKPT von „Persönlichkeitsstrukturen" die Rede ist, dann stehen im Mittelpunkt kognitive Sachverhalte wie Erwartungen / Überzeugungen, Kompetenzen / Fähigkeiten und Ziele. Die zentralen Konstrukte werden nachfolgend in knapper Form vorgestellt:

Zentrale Konstrukte des sozial-kognitiven Theorieansatzes

Erwartungen – Überzeugungen

Im Mittelpunkt der SKPT stehen Erwartungen und Überzeugungen einer Person angesichts spezifischer Situationen / Situationsgruppen:

- ❒ Welche Erwartungen haben Menschen mit Blick auf bestimmte Ereignisse wie z. B. die Ankündigung einer Versetzung von Mitarbeitern / innen einer Abteilung an einen anderen Standort oder der Beschluss weiterer Sparmaßnahmen, die im Folgejahr in einer Einrichtung umzusetzen sind

und zwar im Hinblick

- ❒ auf das Verhalten anderer Beteiligter / Betroffener, das eigene Verhalten und eigene Kompetenzen,
- ❒ mit Blick auf daraus resultierende positive / negative Konsequenzen?
- ❒ Welche Überzeugungen haben Menschen von sich selbst? Z. B. hinsichtlich eigener Fähigkeiten, Aufgaben, Herausforderungen?

Kognitive Prozesse sind bei der Zu- und Einordnung von Situationen – Arbeitssituationen, Spaßsituationen, formelle / informelle, entspannte / bedrohliche Situationen usw. – und den damit einhergehenden Implikationen wichtig.
Wie Menschen besondere Situationen sehen oder auch in Kategorien einteilen ist höchst individuell.

Konsistenz der Persönlichkeit?

Menschen

- ❒ unterscheiden sich in den Verhaltensmustern, die sich auf bestimmte Situationen beziehen.
- ❒ entwickeln *„wenn-dann-Erwartungen“*: „Wenn diese Situation eintritt, dann kann ich dies / jenes erwarten ...“
  Es entstehen dadurch stabile Muster von Situations-Verhaltensbeziehungen.
- ❒ Menschen fühlen und handeln in verschiedenen Situationsgruppierungen unterschiedlich (Nachweis durch Selbstinspektionsdaten / Selbstreport; weitere wichtige Hinweise auf der Basis „objektiver Messungen“ ergeben sich auch aufgrund von Studien, (*Mischel* u. Mitarb.).
- ❒ „Verhaltenssignatur“: Individuen zeigen unverwechselbare Profile in Situations-Verhaltens-Beziehungen, z. B. in bestimmten Konfliktsituationen, bei bestimmten Streitthemen, mit bestimmten Kollegen / innen spezifische, unverwechselbare Reaktionen / Verhaltensmuster.

Persönlichkeitspsychologisch liegt der Fokus hier auf der „Unverwechselbarkeit und Einzigartigkeit“ dieses Profils, d. h. auf der intraindividuellen Stabilität im Muster und der Organisation von Verhalten.

Das „Selbst“

umfasst Prozesse, die Teil des psychischen Funktionierens einer Person sind: Selbstprozesse.

Frühere Vorstellungen von einem Selbst werden kritisiert als zu global: Menschen verfügen weniger über ein Selbstkonzept, sondern eher über Konzeptionen von Selbst und Selbstkontrollprozessen.

Selbstkontrollprozesse variieren

- ❒ zeitlich und
- ❒ von Situation zu Situation.

Fortsetzung – Zentrale Konstrukte des sozial-kognitiven Theorieansatzes

Überzeugungen der Selbstwirksamkeit
werden verstanden als „wahrgenommene Fähigkeit" mit bestimmten Situationen umgehen zu können.

Dieser Aspekt der Selbstwahrnehmung spielt bei *Bandura* eine besonders große Rolle: Die Beurteilung der Selbstwirksamkeit hat einen Einfluss darauf,

- welche Aktivitäten wir ausführen,
- wie sehr wir uns in einer bestimmten Situation anstrengen,
- wie lange wir an einer Aufgabe festhalten,
- wie unsere emotionalen Reaktionen sind.

Selbstwirksamkeit ist situationsspezifisch und keine globale Dimension.

Ziele
Dieses Konzept bezieht sich auf die Fähigkeit von Menschen, Zukünftiges vorwegnehmen und sich selbst motivieren zu können. Verhalten kann über größere Zeitspannen hinweg organisiert werden.

Menschen können Ziele in ein „System" einordnen (z. B. Systeme wie „Karriere", „Partnerschaft / Familie", „Sportliche Betätigung", ...). Diese Zuordnung verleiht Zielen eine größere „Nachhaltigkeit".

Kompetenzen – Fertigkeiten
Besonderes Interesse erfahren im Rahmen der SKPT die kognitiven Kompetenzen / Fertigkeiten, wie z. B. Probleme lösen, Schwierigkeiten / Anforderungen bewältigen können.

Kompetenzen drücken sich darin aus, was eine Person tut.
Kompetenzen werden als kontextbezogen aufgefasst: Eine Person, die in einem Kontext (einer Situation bzw. einer Gruppe von Situationen) bestimmte Fähigkeiten und Kompetenzen zeigt, kann in einem anderen Situationsbereich bzgl. dieser Fähigkeiten / Kompetenzen „versagen" bzw. diese nicht zeigen.

Abb. 3: Zentrale Konstrukte des sozial-kognitiven Theorieansatzes

„Überzeugung der Selbstwirksamkeit"

Für das Verständnis innerer Konflikte und ihrer Entstehung spielt im Rahmen dieses sozial-kognitiven Ansatzes vor allem die „Überzeugung der Selbstwirksamkeit" eine zentrale Rolle. Selbstwirksamkeit als ein Aspekt der Selbstwahrnehmung, d. h. der wahrgenommenen Fähigkeit mit bestimmten Situationen umgehen zu können, beeinflusst die Wahrnehmung und damit die Einschätzung und Bewertung einer Situation als „konfliktträchtig". Die „Überzeugung der Selbstwirksamkeit" kann im Sinne des Stressforschers *Lazarus* (1984) als eine persönliche Ressource gesehen werden. Ob bestimmte Situationen als konfliktträchtig erlebt, gesehen und bewertet werden, hängt demnach auch davon ab, ob und wie wir die uns für die Bewältigung der spezifischen externen und/oder internen Anforderungen zur Verfügung stehenden persönlichen Fähigkeiten und Kompetenzen hinsichtlich ihrer Tauglichkeit zur Konfliktlösung einschätzen und welche (situationsspezifischen) Ziele wir dabei verfolgen. Kommen wir diesbezüglich zu einem „negativen Ergebnis“, dann werden wir eher dazu neigen, die Situation als störend, belastend, bedrohlich/gefährlich oder schädigend einzuschätzen (vgl. oben, Ziff. 1.1.3).

1.3.5 Eine Sichtweise des NLP – Neurolinguistisches Programmieren

„Neuro-Linguistische Programmierung“

NLP, d.h. „Neuro-Linguistische Programmierung“, eine ungewöhnliche, in den zurückliegenden 15 Jahren auch in Deutschland sehr populär gewordene Bezeichnung, setzt sich aus mehreren Einzelwörtern zusammen:

„Neuron“ – Nerv

- „Neuro“ – abgeleitet vom griechischen Wort „Neuron“ – Nerv: Verweist darauf, dass jede menschliche Verhaltensweise auch das Ergebnis neurologischer Prozesse ist. Damit diese Prozesse nachvollzogen, „verstanden“ werden können, müssen sie in Informationseinheiten, die überschaubar sind, zerlegt bzw. reduziert werden. Dafür steht der Begriff:

„lingua“ Sprache

- „Linguistisch“ – abgeleitet vom Lateinischen „lingua“ für Sprache: Mit Hilfe der Sprache und Kommunikationssysteme werden nervliche Vorgänge, unsere Erfahrungen in der Welt und unsere Erfahrungen in uns, dargestellt, strukturiert und geordnet.
- „Programmieren“, der dritte Begriff bedeutet: Die Muster der sinnlichen Wahrnehmung und der Sprache können systematisch für angestrebte Veränderungen benutzt werden.

1.3.5.1 Wurzeln des NLP

Grinder/Bandler

NLP wurde zu Beginn der 70er Jahren von *John Grinder* und *Richard Bandler* entwickelt (vgl. *Grinder/Bandler* 1981; 1987; *Krusche* 1997; *O'Connor/Seymour* 1997).
Grinder war damals Assistenzprofessor für Linguistik an der University of California in Santa Cruz. *Bandler* studierte dort Psychologie. Beide interessierten sich für die Wirkprinzipien erfolgreich verlaufender Psychotherapien, d.h. sie wollten die Muster identifizieren, die erfolgreiche, hervorragende Therapeuten/innen anwandten, um diese Strategien an andere weiterzugeben. Ihre Absicht war es nicht, eine neue Therapieschule zu begründen. *Bandler* und *Grinder* untersuchten zu diesem Zwecke insbesondere die Arbeit dreier Spitzentherapeuten/innen:

Friedrich, S. Perls
Virginia Satir
Milton Erickson

- *Friedrich, S. Perls* (1893–1970), Begründer der Gestalttherapie,
- *Virginia Satir* (1916–1988), Sozialarbeiterin und Familientherapeutin (Palo Alto Schule, Stanford University, Kalifornien),
- *Milton Erickson* (1901–1980), den damals schon weltbekannten Begründer der modernen Hypnotherapie.

Diese TherapeutInnen erzielten bekanntlich eindrucksvolle Veränderungen bei ihren KlientInnen. Häufig gingen sie dabei intuitiv vor, ohne dass sie im Tun, im Ablauf ihres therapeutischen Handelns genau wussten, warum sie dies taten. *Bandler* und *Grinder* beobachteten die Vorgehensweisen dieser „Meister" bzw. „Magier" wie sie diese auch nannten. Sie versuchten herauszubekommen, warum diese so erfolgreich sind, indem sie nach übereinstimmenden Mustern und vergleichbaren Elementen Ausschau hielten.

Gregory Bateson

double bind theory

Einen bedeutenden Einfluss auf die Arbeit von *Bandler/Grinder* hatte auch der Anthropologe *Gregory Bateson* (1904–1980), der damals über Kommunikation und Systemtheorie arbeitete. Sehr bekannt wurde dieser auch durch die Entwicklung der Doppelbindungstheorie der Schizophrenie (double bind theory). Bekanntlich hatten *Batesons* Studien auch einen unmittelbaren Einfluss auf die Arbeit der Palo Alto Schule (z.B. *Jackson, Watzlawick, Satir, Haley* u.a.), die sich in zentraler Weise mit Fragen der Kommunikation, der Familienforschung und -therapie befassten und aus der heraus Ansätze einer lösungsorientierten Kurzzeitherapie entwickelt wurden (vgl. *DeShazer* 1995; siehe auch Ziff. 1.6).

Trotz unterschiedlicher Persönlichkeiten benutzen diese TherapeutInnen überraschend ähnliche Grundmuster. *Bandler* und *Grinder* filterten diese Grundmuster heraus und leiteten bestimmte Regeln und Modelle davon ab. Diese stellten sie zwischen 1975 und 1977 in vier maßgeblichen Veröffentlichungen vor (*Grinder/Bandler* 1981; 1987).

Modellannahmen des NLP

Einige Modellannahmen des NLP werden anschließend kurz dargestellt, da auch sie für die Betrachtung innerer Konflikte eine interessante Erklärung bieten.

1.3.5.2 Bedeutung unserer Sinne und der „Repräsentationssysteme“

Bedeutung der Sinne

Wir erfahren die Welt und uns durch unsere Sinne. Jedes Verhalten basiert auf neurologischen Prozessen, die dem Sehen, Hören, Riechen, Schmecken, Empfinden zugrunde liegen. Informationen, die wir über unsere Sinne erhalten, geben wir „Sinn“ oder „Bedeutung“. Dementsprechend handeln wird auch. Unsere neurologischen Prozesse umfassen jedoch nicht nur die Aufnahme und Weiterleitung von Informationen und die unsichtbaren Gedankenprozesse unserer Informationsverarbeitung, sondern auch die sichtbaren, physiologischen Reaktionen auf Ereignisse und auf unsere Gedanken.

Schauen wir uns kurz an, was alles passieren kann, wenn wir uns z. B. ärgern:

Ärger

- ❒ Wir laufen vor Wut rot an,
- ❒ Die Körpermuskulatur verkrampft sich,
- ❒ Die Atmung verändert sich.

Im Zustand der Entspannung

Entspannung

- ❒ lehnen wir uns vielleicht zurück,
- ❒ lassen die Arme locker herunterhängen,
- ❒ entspannen unsere Gesichtmuskulatur.

Struktur unserer subjektiven Erfahrung

Beim NLP geht es um die Struktur unserer subjektiven Erfahrung, d. h. wie wir die Außenwelt über unsere Sinneskanäle aufnehmen, filtern und verarbeiten und auf welche Weise wird das ordnen und strukturieren, was wir sehen, hören, riechen, fühlen. Die über unsere Sinne aufgenommenen Erfahrungen werden – modellhaft gesehen – in den „Repräsentationssystemen“ gespeichert, die den jeweiligen sensorischen Informationsaufnahmekanälen am nächsten sind (so *Grinder/Bandler* 1987, S. 14).

Nichtsprachliche Repräsentationssyteme

Dementsprechend werden folgende nichtsprachliche Repräsentationssyteme unterschieden:

- ❒ visuelles
- ❒ auditives
- ❒ kinästetisches
- ❒ geschmackliches
- ❒ olfaktorisches

Menschen unterscheiden sich – so wird vermutet – im Hinblick auf die Repräsentationssysteme, die sie am besten entwickelt haben (vgl. *Bandler/ Donald* 1990). Möglicherweise bevorzugen Menschen bestimmte Repräsentationssysteme.

Eine einfache Übung kann verdeutlichen, was damit gemeint ist:

Übung zu Repräsentationssystemen

Bitte versuchen Sie möglichst mit geschlossenen Augen folgendes nachzuvollziehen:

- ❒ einen grasgrünen Luftballon, der davon schwebt
- ❒ den Vollmond in sternenklarer Nacht, und … wie er sich erst langsam und dann immer schneller um die eigene Achse dreht
- ❒ das Gesicht Ihres Vaters, Ihrer Mutter als Sie selbst im Jugendalter waren
- ❒ das Rathaus Ihrer Wohngemeinde
- ❒ die Stimme eines Menschen, den Sie sehr mögen
- ❒ die deutsche Nationalhymne
- ❒ das Plätschern eines Gebirgsbaches
- ❒ den Duft von Heu
- ❒ Ihr Lieblingsparfume bzw. Rasierwasser
- ❒ den Duft übergelaufener, verbrannter Milch
- ❒ Autoabgase
- ❒ die Wärme eines Kaminfeuers
- ❒ die Abkühlung im eiskalten Wasser nach dem Saunagang
- ❒ Ärger, wenn Ihnen der Bus vor der Nase weggefahren ist
- ❒ Freude über eine hervorragend bestandene Prüfung
- ❒ der erste Schluck eines kühlen Weizenbiers an einem heißen Sommertag
- ❒ einen Teelöffel Zitronensaft pur

Bitte prüfen Sie nun:

- ❒ Welche Vorstellung konnten Sie sehr gut umsetzen, was weniger, was vielleicht auch gar nicht?
- ❒ Vielleicht haben Sie Vorlieben für bestimmte Weisen der „Repräsentation" entdeckt.
- ❒ Wenn Sie möchten können Sie anhand anderer Situationen / Erlebnisse prüfen, ob Sie bestimmte Repräsentationssysteme bevorzugen.

Abb. 4: Übung zu Repräsentationssystemen

Bereits vor der Geburt, im Mutterleib, nehmen wir äußere Einflüsse wahr. Die Ausbildung unseres Gehirns nach der Geburt wird in zentraler Weise gesteuert durch die Informationen, die wir von unserer Außenwelt über unsere Sinne vermittelt bekommen. Dementsprechend entwickeln sich Verdrahtungen und Schaltkreise in der Gehirnrinde (vgl. *Ornstein* 1989). Die Einflüsse und Eindrücke, die auf den Säugling und das heranwachsende Kind in seinem jeweiligen sozio-kulturellen Netzwerk einwirken sind sehr unterschiedlich. Die Grundstruktur des Gehirns formt sich entsprechend dieser Einflüsse. Aber auch die Einflüsse, die auf Menschen in unterschiedlichen Kulturen einwirken weichen erheblich voneinander ab. Frühe Eindrücke aber auch weitere Erfahrungen, die wir im Verlaufe unseres Lebens machen, führen in der Regel zu unterschiedlichen Ausprägungen der Wahrnehmungskanäle und damit meist auch zu einseitigen Erfahrungen.

Grundstruktur des Gehirns

1.3.5.3 Vorstellungen, „Modelle“ von der Welt und von sich selbst

Wir nutzen unsere Sinne um die Außenwelt, die „äußere“ Wirklichkeit zu erforschen und um „Modelle“ bzw. (Land-) Karten“ von ihr zu entwickeln und anzulegen. Die Begriffe „Modell“ oder „Karte“ stehen für eine Art Entwurf, eine Nachbildung, die der Mensch von der Welt, die er wahrnimmt und in der er lebt, macht.

„Modelle“ bzw. (Land-) Karten“

Die „Welt“ beinhaltet für uns eine unendliche Informationsfülle. Nur einen kleinen Teil davon können wir wahrnehmen. Das, was wir wahrnehmen, wird außerdem noch „gefiltert“ durch unsere individuellen Erfahrungen, durch unsere Kultur, Einstellungen, Glaubenssätze, Werte, Interessen, Annahmen. Jeder Mensch lebt auch in seiner individuellen Welt, die auf seinen Sinneseindrücken und individuellen Lebenserfahrungen gründet. Jeder nimmt die Welt subjektiv wahr und hat daher auch eine bestimmte subjektive Einstellung, mit anderen Worten, ein ganz bestimmtes „subjektives Modell“ von der Welt.

Unendliche Informationsfülle

„Subjektives Modell“ von der Welt

Folgende Basisprozesse spielten aus NLP-Sicht eine bedeutende Rolle bei der Entwicklung solcher inneren Modelle:

Generalisierung
d. h., eine ursprüngliche Erfahrung, die sich aus einer Situation ergibt, und die dort durchaus ihre Gültigkeit hatte, wird verallgemeinert. Generalisierungen, bei denen es um gefühlsmäßiges Erleben geht, wirken besonders nachhaltig. (Wird eine erste Liebe enttäuscht, dann kann erst mal eine Zeit lang „der Ofen“ aus sein. … Die Art und Weise wie sich der neue Chef, die neue Chefin bei der Einführung präsentiert, kann über den Prozess der Generalisierung nachhaltige Konsequenzen haben). Wörter, die auf Generalisierungen hindeuten sind z. B.: immer, niemals, alle, wir alle, jeder, das sollte man, das muss man, … „Ich werde immer rot.“ „Niemand versteht mich.“

Generalisierungen wirken nachhaltig

Kontextualisierung
d. h. die Rückbindung einer generalisierten Erfahrung an eine bestimmte Situation, eine bestimmte Zeit, einen bestimmten Ort, mit bestimmten Menschen, Handlungen usw. kann dazu beitragen, solche Generalisierungen wieder „aufzulösen“ bzw. zu relativieren (vgl. hierzu auch die eingangs angebotene Übung: Analyse einer Konfliktsituation).

Rückbindung einer generalisierten Erfahrung

Tilgung
Aus der Menge von Informationen, die uns fortlaufend erreichen, werden nur wenige ausgewählt, die einen Zugang zu unserem Bewusstsein finden. Z. B. könnten Sie oder ich aufbauende, lobende, bestätigende, anerkennende Worte und Gesten der Mitmenschen gar nicht mehr hören/sehen, so als ob wir „auf diesem Ohr taub“ bzw. „auf diesem Auge blind“ wären. Dagegen würden skeptische Blicke, anschnauzende Töne, miesepetrige Gesichter, launische Worte begierig von unseren („eselohrengroß“ gewordenen) Ohren und Augen aufgesaugt werden und unser Inneres, unser Gemüt entsprechend beschäftigen.

„Auf diesem Ohr taub“, „auf diesem Auge blind“

Verzerrungen

„Nominalisierungen“

Hinweise für Verzerrungen finden wir z. B. bei „Nominalisierungen“. Diese entstehen, wenn aus Verben Nomina werden. Damit wird in unserer „Innenwahrnehmung“ aus einem Prozess, der beeinflusst, verändert werden kann ein „Ding“, ein „Sachverhalt“, nicht mit eigener Kraft zu beheben und unserem Einfluss nicht mehr zugänglich.

Unser Modell von Welt

Unsere inneren Modelle, die auf diese Weise zustande kommen, wirken wie eine Art „Landkarte“ von der Welt. Diese unterscheiden sich durchaus von „der Welt“, wie sie andere Menschen wahrnehmen. Sie sind nicht „die Welt“ selbst. Wir reagieren und handeln als Menschen nicht auf die Welt an sich oder „wie sie wirklich ist“. Wir reagieren und handeln stets auf unser Modell von Welt.

Daraus wird abgeleitet (Vgl. *Grinder/Bandler* 1987, S. 229):

Schatten- und Problemseiten

- In vielen Fällen bzw. Situationen ist es die Art und Weise unseres Denkens (unser inneres Modell), die uns einschränkt. Wir sehen keine Alternativen, sehen nur die Schatten- und Problemseiten und nehmen Chancen und Ressourcen nicht mehr wahr.

Mangel an Alternativen

- Das zeigt sich insbesondere auch bei (inneren) Konflikten. Der Mangel an wahrgenommenen Alternativen und Wahlmöglichkeiten ist verbunden mit einer dramatischen Einschränkung unserer Handlungsmöglichkeiten.
- Dementsprechend wird ein „Problem“, ein Konflikt auch als eine Funktion der Struktur (des inneren Modells/der Modelle bzw. der inneren Landkarten) angesehen. Ändert sich diese Struktur, so ändert sich auch alles andere.

„Verarmtes“ inneres Modell

- Ein eingeschränktes, schlichtes, „verarmtes“ inneres Modell kann auch zu zwischenmenschlichen Konflikten führen.

Grundstrukturen der „inneren Landkarte“

- Wenn wir Menschen besser verstehen und mit ihnen umgehen möchten, kann es hilfreich sein zu wissen, was die Grundstrukturen ihres inneren Modells, ihrer „inneren Landkarte“ jeweils sind, nach denen sie handeln, an denen sie ihr Verhalten orientieren.
- Kennen wir das Modell, das einem Verhalten – z. B. in einer bestimmten Konfliktsituation – zugrunde liegt, so kann der/die Konfliktbetroffene angemessener verstanden werden. Das gilt auch für die eigene Person und das eigene Verhalten.

1.3.6 Abschließende Hinweise

Innere Konflikte und korrespondierende intrapsychische Prozesse stehen in einem komplexen Wirkungszusammenhang mit der Leben- und Erfahrungswelt des Menschen. Diese hat sich in den letzten Jahrzehnten einschneidend verändert und gefährdet mehr als in der Vergangenheit die „innere Kohärenz", eröffnet jedoch auch neue Möglichkeiten.

Identitätstheorie und -forschung

Dementsprechend beschäftigt sich vor allem die neuere Identitätstheorie und -forschung mit den Fragen: „Wie gelingt es Menschen eine für sich stimmige Passung herzustellen in einer widersprüchlichen Welt?" „Wer bin ich in einer sozialen Welt, deren Grundrisse sich unter den Bedingungen von Individualisierung, Pluralisierung und Globalisierung verändert?" Gesucht werden hierbei Anschlüsse zu den Diskursen von Philosophie, Soziologie und Ökonomie – weniger zur Psychologie (vgl. *Kraus* 2002; *Keupp* 2002; *Sennett* 2000).

Umbrüche in der Gesellschaft

Umbrüche in der Wirtschafts-, Arbeitswelt und Gesellschaft, der verloren gegangene, kontinental europäische Glaube an den „geschichtlich-gesellschaftlichen Fortschritt" und an die damit erhoffte bessere Zukunft (vgl. *Pornschlegel* 2006) bringen neue Irritationen und Herausforderungen für die Aufrechterhaltung und Wiederherstellung einer inneren Kohärenz. Es wäre durchaus lohnenswert, das Zustandekommen „innerer Konflikte" und ihre Bewältigung über aktiv geleistete „Identitätsarbeit", die über das hinausgeht, was in diesem Band beschrieben wird, auch auf diesem Hintergrund näher zu beleuchten. Dies kann jedoch an dieser Stelle nicht geleistet werden.

1.4 Gängige individuelle Reaktionen der Konfliktbewältigung

Eingeschliffene Reaktionen

Die individuelle Einschätzung und Bewertung einer Situation als konflikthaft und damit subjektiv „bedeutsam" legt bestimmte Reaktionsweisen nahe. Wir verhalten uns in Konfliktsituationen meist spontan, unwillkürlich, gewissermaßen „automatisch". Selbstverständlich können wir auch willentlich-bewusst handeln, tun dies jedoch meist erst dann, wenn wir mit unseren gewohnheitsmäßigen, eingeschliffenen Reaktionen nicht mehr weiter kommen.

Zu den verbreiteten individuellen Reaktionen, die auf die Konfliktwahrnehmung folgen und die bereits Formen der Konfliktbewältigung sein können, gehören folgende:

Individuelle Reaktionen auf Konflikte

„Vogel-Strauß-Politik"

Ignorieren
Man / frau schaut willkürlich / unwillkürlich weg, übersieht den Konflikt, betreibt „Vogel-Strauß-Politik", d. h. steckt den Kopf in den Sand und wartet, „bis sich die Wolken verzogen haben", in der Hoffnung, von drohenden „Gewittern" verschont zu bleiben.

Konfliktabwehr

Verdrängen
Die Psychoanalyse charakterisiert dieses Verhalten als Konfliktabwehr und spricht in diesem Zusammenhang gerne von „Verdrängung": Impulse aus dem „Es", die mit Anforderungen des „Über-Ich" nicht vereinbar sind, werden vom Ich in das Unter- oder Unbewusste abgedrängt. Sie wirken jedoch latent weiter, halten die Person in einem Spannungszustand (Angst, Aggression). Energie des „Ichs" wird gebunden, um diese Impulse „in Schach" zu halten. Wenn diese Energie nicht mehr aufgebracht wird, wenn das Ich „schwächelt", können die Es-Impulse ins Bewusstsein, an die Oberfläche drängen und mit aller Vehemenz in – z. B. aggressive – Handlungen umgesetzt werden (vgl. *Freud* o. J.).

Kognitive Ebene

Rationalisieren
Suche nach vermeintlich „vernünftigen" Gründen, die aber häufig nicht zu den Konfliktursachen vorstoßen. Ursachenerforschung und Klärung der Konfliktgründe werden einseitig auf der kognitiven Ebene vorgenommen und blenden dadurch häufig wichtige Aspekte in den Konfliktzusammenhängen aus.

Verständnis

Tolerieren
Man / frau zeigt Verständnis für konträre, strittige Positionen und verzichtet darauf, eigene Interessen einzubringen. Mittelfristig gesehen führt diese Reaktion leicht in eine Verliererposition.

Verzicht

Müdigkeit, Krankheit „burn-out"

Resignieren
Verzicht auf Handeln, auf eigene Initiative, man / frau fühlt sich ohnmächtig, ist niedergeschlagen. Dem Konflikt wird ausgewichen, indem man / frau dem Gegner aus dem Wege geht, sich kampflos ergibt, in Passivität oder in eine Schein- und Traumwelt, oder in Müdigkeit, Krankheit, Abhängigkeit, Genuss- und Spielsucht oder in ein „burn-out" flüchtet.

Weinen

Wutanfälle

Regredieren
Die psychoanalytische Sicht versteht hierunter ein Rückfall in Verhaltensweisen, die in früheren Lebensabschnitten erworben wurden bzw. für diese „typisch" waren und sich dort für die eigene psychische Existenzsicherung und / oder für die Durchsetzung des eigenen Willens als erfolgreich erwiesen haben (z. B. „Weinen" um Zuwendung, Aufmerksamkeit u. a. zu erfahren, „Kindchenverhalten", „polterndes", „lautstarkes" Auftreten, „schreien", Wutanfälle und dergleichen mehr.)

Fortsetzung – Individuelle Reaktionen auf Konflikte

Sublimieren
Nicht erwünschte, sozial tabuisierte oder verachtete Impulse, Motive oder Handlungen werden in sozial geschätzte oder auch (noch) „zulässige", akzeptierte Handlungen umgewandelt (vgl. *Freud* o. J.). Das könnte z. B. dann der Fall sein, wenn Sie in einer Konfliktsituation am liebsten Ihren Kollegen wegen eines „schlechten" Konzeptentwurfs mal tüchtig die Meinung sagen wollen, sich dann jedoch zurückhalten und den Konzeptentwurf nach Ihren Vorstellungen überarbeiten.

Sozial tabuisierte Impulse

Akzeptierte Handlungen

Projizieren
Innerpsychische Regungen, die wir bei uns nicht wahrnehmen oder akzeptieren wollen, weil sie nicht zu unserem Selbstbild passen oder dieses beeinträchtigen würden, blenden wir aus und übertragen sie auf andere Personen / Konfliktbeteiligte.

Argumentieren
Argumentative Auseinandersetzungen zwischen den Konfliktpartnern auf einer sachlichen Ebene können zu tragfähigen Lösungen führen. Beschränkt sich das Argumentieren jedoch auf die Suche nach den Gründen für die Konfliktursachen und die Vertretung der eigenen Interessen bei einer angestrebten Konfliktlösung, so mindern sich die Aussichten, zu einer stabilen, von allen Beteiligten akzeptierten Lösung des Konflikts zu kommen. Wer argumentiert, um Recht behalten und seine Sichtweise auf die strittigen Sachverhalte durchzusetzen, kann auch mit dazu beitragen, dass sich ein Konflikt verhärtet.

Vertretung der eigenen Interessen

Verhandeln
Bei Konflikten erfolgreich verhandeln setzt eine Offenlegung der wechselseitigen Sichtweisen, Einstellungen und Interessen der beteiligten KonfliktpartnerInnen auf die Konfliktsituation und ihren sozialen Kontext voraus. Über unterschiedliche Interessen mit dem Ziel verhandeln, zu einem für alle Beteiligten akzeptablen Ausgleich zu kommen, setzt voraus, dass keine Seite der anderen ihre Bedingungen für die Konfliktlösung diktieren will. Es setzt außerdem die grundsätzliche Bereitschaft zu einem transparenten und fairen Umgang miteinander voraus.

Offenlegung der wechselseitigen Sichtweisen, Einstellungen und Interessen

Instrumentalisieren (Agieren)
Den Konflikt für die eigenen Ziele / Zwecke / Interessen einseitig nutzen / verschärfen (z. B. wer sonst nicht viel zu sagen hat, macht auf sich aufmerksam, indem er / sie kräftig schürt, intrigiert). Konflikte haben nicht nur negative Aspekte und Dimensionen für eine Person. Nicht selten lassen sie sich auch für den eigenen Karrierefortschritt nutzen.

Konflikte für den eigenen Karrierefortschritt nutzen

Informationssuche
Konfliktbeteiligte begeben sich hier aktiv auf die Suche nach Informationen, die für eine Klärung und / oder Behauptung der eigenen Position und eine Konfliktlösung hilfreich sein können (z. B. Beratung, Sichtung von Verträgen, Dokumenten, Gesetze u. a.).

Abb. 5: Individuelle Reaktionen auf Konflikte

Vorübergehende Bewältigung

Manche Reaktionen führen nicht zu einer nachhaltigen Konfliktlösung, sondern dienen bestenfalls einer häufig nur vorübergehenden Bewältigung/Regulation der negativen Emotionen (Angst, Wut, Verzweiflung, Enttäuschung), haben eine Ventilfunktion (Dampf ablassen, siehe *Glasl* 2004) oder führen zu einer einseitigen Interessendurchsetzung.

Transferaufgabe

Bitte rufen Sie sich erneut eine eigene Konflikterfahrung in Erinnerung und prüfen Sie:

- ❒ Was waren Ihre individuellen Reaktionen auf diesen Konflikt?
- ❒ Was haben diese Reaktionen ausgelöst? Welche persönlichen und sozialen Wirkungen hatten sie?

Beziehungskontext

Es wäre verfehlt, individuelle Reaktionen auf Konflikte in psychologisierender Manier ausschließlich als Resultat innerer, persönlicher Strukturen von Konfliktbeteiligten zu sehen. Diese Reaktionen können, in einem jeweiligen Beziehungskontext gesehen, (z.B. in einer Partnerschaft, einem Team, einer Einrichtung) eine, die jeweilige Person schützende und damit auch „nützliche Bedeutung haben (vgl. *Beck/Schwarz* 2006).

1.5 Innerpsychische Konfliktwirkungen und Basisprozesse der Konfliktentwicklung in Beziehungssytemen

In diesem Abschnitt bleiben wir noch bei der in einen Konflikt involvierten Person und betrachten nun, welche innerpsychischen Wirkungen er entfaltet, wie er sich weiter entwickeln kann und auf welche Weise er im Kommunikationsverhalten der betroffenen Person zum Ausdruck gebracht werden kann.

Wir konzentrieren uns dabei auf folgende Fragen:

Wie entwickelt sich ein Konflikt?

- ❒ Wie entwickelt sich ein Konflikt?
- ❒ Wie ändern sich Wahrnehmung, Denken, Vorstellungsbilder in Konfliktsituationen?
- ❒ Was verändert sich in unserem Gefühlsleben?
- ❒ Welche Veränderungen können im Bereich der Motive, Ziele, des Willens festgestellt werden?
- ❒ Wie verändern sich äußeres Verhalten und Kommunikation?
- ❒ Welche Wirkungen hat unser Verhalten, unsere Kommunikation in Konfliktsituationen?

1.5.1 Wie entwickelt sich ein Konflikt?

Haben wir eine Situation intuitiv/unbewusst oder auch bewusst als „konfliktreich“ eingeschätzt, so geraten wir meist in einen Strudel von Ereignissen, deren Sogwirkung uns mitzureißen droht. Zunehmend fällt es uns schwer, einen „klaren Kopf“ zu bewahren und schnell verstricken wir uns in der Dynamik des Geschehens. Unser Denken und unsere Vorstellungen verengen sich, werden einseitig und verzerrt. Unsere Gefühle „überschwemmen“ uns, körperliche Reaktionen stellen sich ein (z. B. heißer Kopf, kalte Hände, erhöhte Herzschlagfrequenz ...). Wir sind gefühlsmäßig hin- und her gerissen, „wutentbrannt“, „sprachlos“, fühlen uns innerlich „zerrissen“ oder kommen ins Grübeln, fühlen uns „gelähmt“ ...

Dynamik des Geschehens

Tranceprozesse und Konfliktdynamik
Was dabei in unserem Innenleben passiert, kann als eine Art von Fokussierung und Verengung unserer Aufmerksamkeit beschrieben werden. Gemeint sind damit innerpsychische Vorgänge, durch die unsere Wahrnehmung, unser Denken, Fühlen und Verhalten in selektiver Weise auf bestimmte Ausschnitte des Geschehens ausgerichtet werden. Wir geraten dadurch gewissermaßen in eine Art von „Problemtrance“.

Fokussierung unserer Aufmerksamkeit

„Trance“, als eine Art der Aufmerksamkeitsfokussierung, beschreibt *Milton Erickson,* der Begründer der modernen Hypnotherapie, als eine meist automatisch, unwillkürlich, unbewusst-latent ablaufende Ausrichtung der Aufmerksamkeit auf der Ebene unseres unwillkürlichen/unbewussten Verhaltens. Charakteristisch für Trancesituationen sind intensive innere geistige und sensorische Erfahrungen. Äußere Ereignisse verlieren an Bedeutung, werden kaum noch wahrgenommen.

„Problemtrance“

Tranceprozesse sind Alltagsprozesse. Tranceerfahrungen sind nicht etwas Abgehobenes, „was nur in ritualisierten Sondersituationen mühselig freigesetzt werden kann. Sie werden verstehbar als etwas ganz Selbstverständliches, das wir alle kennen und täglich praktizieren“. *Erickson/Rossi* (1998, S. 18) beschreiben die „Alltagstrance“ folgendermaßen: „Wir verwenden den Begriff der Alltagstrance für jene Perioden des täglichen Lebens, da wir so versunken in eine Tätigkeit oder von einer Sache so in Anspruch genommen sind, daß wir vorübergehend keine Notiz mehr von unserer Umwelt nehmen.“

Tranceprozesse Tranceerfahrungen

Wie bei einer Alltagstrance sind auch Tranceprozesse in Konfliktsituationen Abläufe, in denen Wahrnehmungen und eigene Handlungen zum Teil vom Bewusstsein abgespalten, unbewusst registriert werden und quasi automatisch verlaufen (vgl. *Revenstorf/Zeyer* 1997: S. 21). Solche inneren Prozesse, die während eines Konfliktgeschehens ablaufen, beeinflussen und verstärken sich oft wechselseitig und können dazu führen, dass wir die Kontrolle über uns und unser Verhalten verlieren. Unsere Reaktionen und Verhaltensweisen können uns gewissermaßen „entkleiden“ und Wirkungen hervorrufen, die wir vielleicht nicht gewollt haben. Die Konflikteskalation hat dann bereits begonnen.

Kontrolle verlieren

Ein differenzierteres Wissen über die hier ablaufenden Prozesse kann uns helfen, rechtzeitig im Ablauf eines Konfliktes auf Anzeichen zu achten und diese als „Warnsignale" zu nutzen, damit wir unsere inneren Prozesse und auch unser Verhalten wieder unter „Kontrolle" bekommen.

1.5.2 Wie ändern sich Wahrnehmung, Denken, Vorstellungsbilder in Konfliktsituationen?

Mit Hilfe der Ausführungen von *Glasl* (2004, S. 41 ff.) soll etwas Licht in die Prozesse der innerpsychischen Veränderungen gebracht werden, die mit dem Konfliktgeschehen einhergehen.

Konfliktgeschehen: Veränderungen im Bereich von Wahrnehmung und Denken

Unsere Aufmerksamkeit wird selektiv:

- ❒ Manche Dinge, Abläufe, die für uns bedrohlich sind oder werden können, sehen wir besonders scharf, andere übersehen wir.
- ❒ Ärgerliche / störende Verhaltesweisen anderer Konfliktbeteiligter fixieren wir besonders, eigene ähnliche Prozesse und Merkmale übersehen / bagatellisieren oder verdrängen wir.

Unsere Raum- und Zeitperspektiven verengen sich:

- ❒ Es fällt uns zunehmend schwer, komplexe Dinge und Zusammenhänge aufzunehmen.
- ❒ Es fällt uns schwer uns eine längere Zeitperiode konkret vorzustellen. Wir blenden mittelfristige Folgen unseres Tuns aus.
- ❒ Wir nehmen Konfliktstoffe und -geschehnisse einseitig und verzerrt wahr, konzentrieren uns auf eigene Konfliktpunkte und übersehen die Konfliktthemen anderer Beteiligter.
- ❒ Systemisch gesehen neigen wir dazu, die Konfliktgeschichte so zu interpunktieren, dass die Ursachen bei anderen Beteiligten gesehen werden und wir diesen die Schuld zuweisen (vgl. *Watzlawick* u. a. 1984). Wir neigen dazu, unsere eigenen Anteile am Zustandekommen und Verlauf des Konfliktes auszublenden.
- ❒ Wir polarisieren Selbst- und Fremdbild: Wir sehen uns als gutwillig, konstruktiv, fair und nehmen die Gegenpartei als unsachlich, kooperationsunwillig oder unfähig, aggressiv usw. wahr.

Wirkungen:

- ❒ Pauschalisierungen, Verallgemeinerungen, Vorurteile setzten sich in unseren Vorstellungen und in unserem Denken (individuell oder in der Gruppe) fest. Wir nehmen kaum noch wahr, was tatsächlich geschieht, sondern nur noch das, was zu diesen Bildern passt.
- ❒ Vorstellungsbilder und korrespondierende Denkprozesse wirken also wie eine „self-fulfilling prophecy" (vgl. *Merton* 1957).

Abb. 6: Konfliktgeschehen: Veränderungen im Bereich von Wahrnehmung und Denken

Transferaufgabe

Bitte rufen Sie sich Ihre Konflikterfahrung in Erinnerung und prüfen Sie:
- ❒ Wie nehmen Sie sich selbt, die Konfliktpunkte, das Verhalten anderer Konfliktbeteiligter wahr?
- ❒ Welche Aspekte stehen im Vordergrund? Was ignorieren bzw., blenden Sie aus?

1.5.3 Was verändert sich in unserem Gefühlsleben?

Konfliktgeschehen: Veränderungen im Gefühlsleben

Veränderungen in unserem Gefühlsleben:
- ❒ Wir werden zunehmend empfindlicher. Unsicherheit, Zweifel und Misstrauen machen sich breit: Bin ich zu gutmütig, meint es der/die andere Partei ernst? Will er/sie mich übers Ohr hauen?
- ❒ Ambivalente Gefühle stellen sich ein und können zu einer Zerreißprobe" werden: Pendeln zwischen Respekt und Verachtung, Sympathie und Antipathie gegenüber der anderen Konfliktpartei oder bei inneren Konflikten z.B. Zielkonflikten auch gegenüber den jeweiligen Zielvorstellungen.
- ❒ Das Bedürfnis nach eindeutigen Gefühlen führt meist zu einer schnellen Lösung der Ambivalenz zugunsten der eher negativen Gefühle und zu einer weiteren Konflikteskalation.
- ❒ Zunehmend fällt es schwerer, sich wechselseitig in die Gefühle der anderen hinein zu versetzen. Das Einfühlungsvermögen (Empathie) reduziert sich. Die Parteien kapseln sich ab.

Wirkungen:
- ❒ Eigene Gefühle und Stimmungen können kaum noch durch Außenwahrnehmungen korrigiert werden. Der Selbstverstärkungsmechanismus wird in Gang gesetzt: Wir reagieren bevorzugt auf unsere eigenen Stimmungen, werden „Gefangene" unseres Innenlebens, unserer inneren Bilder und der damit verkoppelten Gefühle (siehe hierzu auch *Watzlawick* 2003).
- ❒ Emotionen können sich ausweiten, fixieren, verselbständigen, ein Eigenleben gewinnen. Gefühle sorgen auch für die „Nachhaltigkeit" unserer Erinnerungen (z.B. wenn wir „nachtragend" werden), so dass wir uns später oft nur schwer von ihnen lösen können. Spätere Begegnungen mit beteiligten Personen oder „nur" das Lesen ihres Namens in Akten oder Briefen, kann selbst lange danach noch ähnliche gefühlsmäßige Reaktionen hervorrufen wie in der erlebten Konfliktsituation. Die Wirkung von Lernvorgängen wie sie der Ansatz der Klassischen Konditionierung beschreibt, kann hier sehr gut beobachtet werden (vgl. *Pervin* 2000, S. 294ff.).

Abb. 7: Konfliktgeschehen: Veränderungen im Gefühlsleben

Transferaufgabe

Bitte rufen Sie sich Ihre Konflikterfahrung in Erinnerung und prüfen Sie:
- ❒ Welche der beschriebenen Veränderungen im Gefühlsleben erkennen Sie wieder?
- ❒ Welche Wirkungen waren/sind damit verbunden?

1.5.4 Welche Veränderungen können im Bereich der Motive, der Ziele, des Willens festgestellt werden?

Als neutrale/r BeobachterIn eines Konfliktereignisses sehen wir oft viele Möglichkeiten des Handelns und können uns auch durchaus mehrere Varianten der Konfliktlösung vorstellen. Sind wir dagegen in einen Konflikt direkt involviert und stoßen mit dem was wir wollen oder denken auf Ablehnung, Widerstand, Unverständnis, so engt sich unser Wollen bei einer weiteren Konflikteskalation auf wenige Möglichkeiten ein. Diese Einschränkung kann so weit gehen, dass Ziele und Mittel starr, unflexibel und direkt miteinander verknüpft werden, nach dem Motto „So oder gar nicht".

Motto „So oder gar nicht"

Die Frage, ob der gewollte Weg, das gewollte Mittel in unserem Sinne auch „zieldienlich" ist, gerät zusehends aus dem Blickfeld. Mitunter gerät das Ziel auch ganz aus dem Auge und Motive der Rache, der Zerstörungslust bestimmen unser Verhalten.

Mechanismen der Regression

Auch Mechanismen der Regression, wie sie vor allem die Psychoanalyse beschrieben hat, können hier zum Ausdruck kommen (vgl. oben Ziff. 1.4). Dazu *Glasl* (2004, S. 46): „Diese Regression kann in unserer bisherigen Biographie zu einem Rückfall in das Willens- und Triebleben bereits überwundener Lebensphasen führen. Aber es ist darüber hinaus noch möglich, dass wir eine Regression sozusagen in Phasen der Menschheitsentwicklung erleben, indem wir uns nach dem Muster einer Stammeskultur der Vorzeit verhalten; ja noch mehr, dass wir in ein tierisches Begierden- und Triebleben verfallen, das nicht mit menschlichen Sittlichkeitsvorstellungen zu beurteilen ist." Beispiele hierfür finden Sie vielleicht in eigenen Konfliktreaktionen. Täglich bekommen wir sie jedoch auch in den Medien präsentiert.

Die beschriebene Konfliktentwicklung kann so weit gehen, dass es uns nicht mehr wichtig erscheint, ob wir unser ursprüngliches Ziel erreichen, sondern es kommt uns nur noch auf Vergeltung, Rache, Schädigung anderer Konfliktparteien an.

1.5.5 Wie verändern sich äußeres Verhalten und Kommunikation?

Die bisher beschriebenen Veränderungen in den Bereichen von Wahrnehmung, Denken, Fühlen und Wollen beeinflussen Verhalten und Kommunikation. Zwar wissen wir aus zahlreichen Studien zur menschlichen Kommunikation, dass unser Kommunikationsverhalten unser Innenleben nicht „eindeutig ablesbar“ preisgibt. Dennoch „verrät“ unsere nonverbale Kommunikation (unsere Körpersprache, unsere Gestik, Mimik …) einiges über unsere Befindlichkeiten und Einstellungen. Allerdings geschieht dies meist auf diffuse und oft nicht eindeutig zu entziffernde Weise. So kann z. B. „Lachen“ Verlegenheit und/oder Freude oder auch Schadenfreude und Ironie ausdrücken. „Wegsehen“, kann z. B. als Unsicherheit, Unhöflichkeit oder auch Arroganz interpretiert werden. Nonverbale Kommunikation verläuft in der Regel unterhalb der Bewusstseinsschwelle. Wir senden daher oft Signale aus, die wir selbst nicht „bewusst“ bemerken. Mit unserem Verhalten in Konfliktsituation, wie grundsätzlich mit jeder Kommunikation, geben wir sehr unterschiedliche Botschaften weiter.

Nonverbale Kommunikation, Körpersprache, Gestik, Mimik

In dem weithin bekannten, schlichten Modell von *Schulz von Thun* (1996), wird verdeutlich, dass mit einer Nachricht verschiedene Botschaften einhergehen.

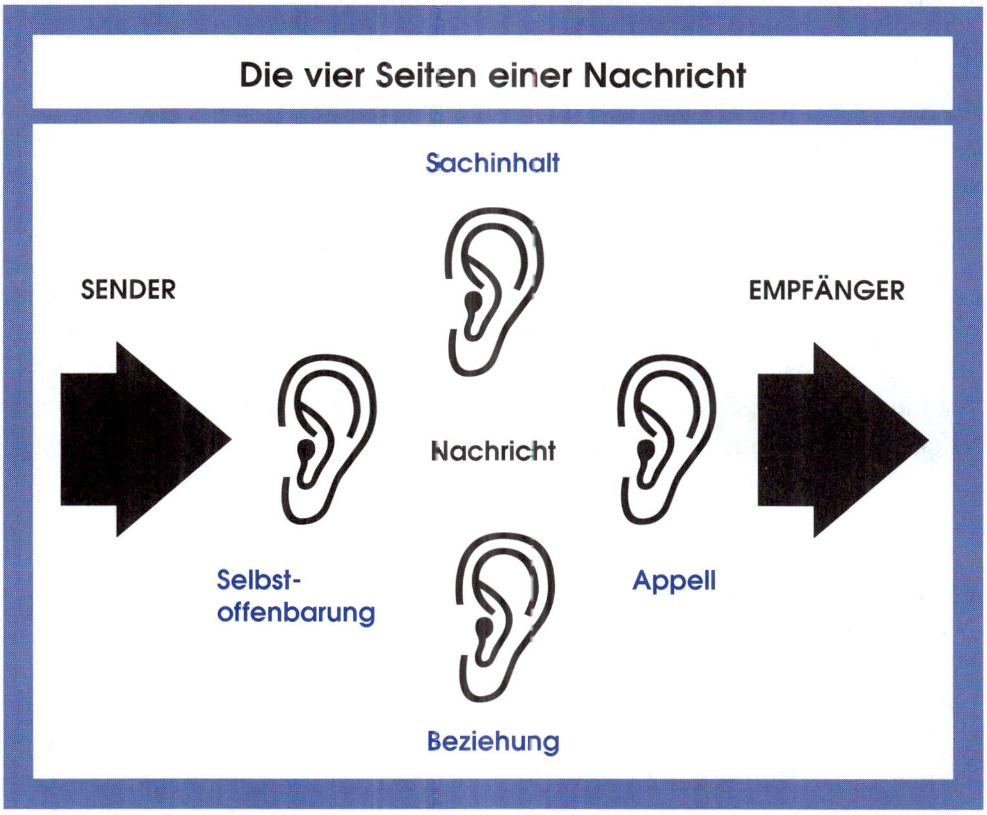

Abb. 8: Die vier Seiten einer Nachricht

Dieses Modell kann selbstverständlich auch auf die Kommunikation in Konfliktsituationen übertragen werden.

Thema, Gegenstand einer Aussage

Sachinhalt
meint die Sachinformation, Thema, Gegenstand einer Aussage. Sachinhalte werden in erster Linie sprachlich weitergegeben. Übertragen auf ein Konfliktereignis sind hier der Inhalt, das Anliegen, das Konfliktthema gemeint, um das es bei Mitteilungen in Konfliktsituationen zunächst und vordergründig geht.

Mit einer inhaltsbezogenen bzw. sprachlichen Kommunikation werden durch die Art und Weise wie etwas mitgeteilt wird, durch Wortwahl, Sprechrhythmus, Ton, Mimik, Gestik, Körperhaltung, zugleich weitere Botschaften vermittelt.

Botschaften über sich selbst

Selbstoffenbarung
beinhaltet alle Botschaften, die eine Person/eine Konfliktpartei über sich selbst gibt, wie sie sich selbst sieht, wie sie gesehen werden will (z. B. ärgerlich, verletzt, mutig, entschlossen ...).

Beziehung zwischen den Parteien

Beziehungsbotschaften
sprechen die Beziehung zwischen den Parteien an (z. B. „wenig vertrauensvoll“, „brüchig“ ...) bzw. teilen auch mit, wie die andere Konfliktpartei gesehen und bewertet wird (z. B. als arrogant, überheblich, schwach, unfair, unfähig ...).

Aufforderung zu einer Handlung

Appell
bezieht sich auf die Aufforderung zu einer Handlung. („Sie sollen ...“. „Ich will, dass Sie ...“). Dies kann direkt sprachlich aber auch nicht sprachlich signalisiert werden.

Die andere Konfliktpartei nimmt ihrerseits Botschaften und Signale entsprechend ihrer eigenen inneren Prozesse und Strukturen selektiv, unterschwellig, intuitiv oder auch bewusst wahr und reagiert innerlich und/oder auch im beobachtbaren Verhalten. Daraus können sich zusätzliche Missverständnisse, Ärgernisse und Frustrationen ergeben, die zu einer weiteren Eskalation der Konfliktereignisse beitragen.

1.5.6 Welche Wirkungen hat unser Verhalten, unsere Kommunikation in Konfliktsituationen?

„Wahl“ der individuellen Reaktion

Jede Konfliktstrategie und das damit einhergehende Konfliktgeschehen hat, wie bereits dargestellt, eine „innere“ Seite: Unsere Wahrnehmungen, Gedanken, Vorstellungen und Absichten steuern unser Kommunikationsverhalten und fließen in dieses ein. Die Art unseres Verhaltens in Konfliktsituationen, mit anderen Worten, die „Wahl“ der individuellen Reaktion auf eine Konfliktsituation (vgl. oben Ziff. 1.4), können wir mit Blick auf ihre Wirkungen beschreiben als eine „Intervention“ in die Beziehung zur eigenen Person und zu anderen BeziehungspartnerInnen.

Hier ist ausdrücklich zu betonen: „Intervenieren“ heißt keinesfalls, dass wir bestimmte Wirkungen auch wissentlich und willentlich beabsichtigen oder bewusst herbeiführen wollen. Um das, was hier geschieht zu verdeutlichen, knüpfe ich erneut an *Milton Erickson* und seine Überlegungen zur Hypnotherapie und Trance an. Auch die beziehungsgestaltenden Wirkungen unseres Verhaltens und unserer Reaktionen in Konfliktsituationen lassen sich modellhaft als Trancephänomene auf psychischer Ebene beschreiben (vgl. auch *Gilligan* 1995).

Bedienen wir uns der Vorstellungen und der Sprache von *Milton Erickson,* so können wir das, was hier geschieht als autosuggestive Probleminduktionsprozesse oder als eine Art von „Selbsthypnose“ beschreiben (vgl. *Erickson/Rossi* 1981; *Araoz* 1989).

„Selbsthypnose“

Diese Vorgänge haben Auswirkungen,

(1) auf uns selbst, d.h. auf die eigene Person,
(2) auf unsere BeziehungspartnerInnen im Konfliktgeschehen und
(3) auf unsere Beziehung zu anderen Aspekten, Vorgängen und Elemente des Systems, in dem der Konflikt primär angesiedelt ist.

Hierzu einige Erläuterungen:

Zu (1) Auswirkungen auf die eigene Person

In der Art und Weise, wie ich auf einen Konflikt reagiere, wie ich mich verhalte, wie ich kommuniziere, gebe ich – wie soeben angesprochen – eine Botschaft, wie ich mich sehe, oder wie ich gesehen/behandelt werden möchte, weiter. Die hier zum Ausdruck kommende Sicht ist einerseits Ausfluss subjektiver Einschätzungsprozesse einer Konfliktsituation (vgl. Ziff. 1.1). Andererseits haben individuelle Reaktionen auf einen Konflikt und die damit verbundenen Verhaltensweisen wiederum Selbstverstärkungsfunktion: Sie wirken auf uns, unser Selbstbild, unsere Selbsteinschätzung zurück.

Ausfluss subjektiver Einschätzungsprozesse

In Konflikten nimmt jede Person sich selbst in einer bestimmten Art und Weise wahr und definiert damit gewissermaßen auch ihre Kompetenzen damit umgehen zu können. Davon ausgehend definiert sie auch

- was sie diesbezüglich kann/nicht kann,
- was sie von anderen in dieser Situation erwarten kann und was sie eher nicht erwarten oder gar nicht erwarten kann,
- was andere von ihr erwarten können und was diese nicht erwarten können,
- inwieweit sie für sich verantwortlich ist/nicht verantwortlich ist,
- wie viel Raum/Rechte sie für das Einbringen, die Einforderung eigener Belange, Bedürfnisse, Interessen hat oder auch nicht hat.

Auch unsere Beziehung zum eigenen Organismus schreiben wir damit gewissermaßen fest. So können wir uns – bildlich gesprochen – als

- „Lastesel“ sehen, der den ganzen Arbeitsschrott im Betrieb zu schleppen hat,
- „anfälliges, zartes Pflänzchen, das einen Anspruch darauf hat, geschont zu werden,
- KämpferIn, der/die sich nichts gefallen lässt.

Aussagen über das eigene Selbstbild

Wir pendeln dabei oft zwischen Abwertung und Aufwertung der eigenen Person. Das wiederum trägt häufig zu einer Stabilisierung der Konfliktreaktionen bei. Ganz besonders bedeutsam sind auch unsere inneren Bilder und „Filme“, unsere Selbstgespräche, die „inneren Stimmen“, Gedankenschleifen und Grübelprozesse. Sie enthalten Aussagen impliziter und expliziter Art über das eigene Selbstbild sowie darüber, wie jemand glaubt, dass andere ihn sehen und beurteilen. Selbstverstärkende Prozesse, sich selbst erfüllende Prophezeiungen laufen vor allem auch auf dieser innerer Ebene ab.

Transferaufgabe

Bitte rufen Sie sich Ihre Konflikterfahrung in Erinnerung und prüfen Sie:

- Welche der hier beschriebenen Prozesse erkennen Sie wieder?
- Welche „Vorstellungen“ hatten/haben Sie von sich in dieser Konfliktsituation entwickelt?
- Welche Wirkungen waren/sind damit verbunden?

Zu (2) Auswirkungen auf andere Konfliktparteien/BeziehungspartnerInnen

Unsere Reaktionen, unser Verhalten und damit unsere Art der Kommunikation beinhaltet – wie beschrieben – auch Botschaften, Definitionsangebote wie andere Konfliktbeteiligte und die Beziehung zu diesen gesehen wird. Dies wirkt auf die Konfliktbeteiligten – wenn auch nicht linear.

Eine Übung zu den Beziehungsauswirkungen innerer Bilder

Wie würden Sie sich Konfliktbeteiligten gegenüber verhalten, von denen Sie z. B. folgende innere Bilder entwickelt haben:

- ❒ der Kollege Dieter, „ein einsamer Held"?
- ❒ Hans, der „kleinkarierte Bürokrat"?
- ❒ die Kollegin Müller als „verfolgte Unschuld"?
- ❒ den Mitarbeiter Klauster, als „Schilfrohr im Wind"?
- ❒ den Vorgesetzten Michael Weber als „Rambo, der über Leichen geht?"
- ❒ Muckenbacher, „der Behutsame", wird sich wohl wieder um Katrin, „das zarte Pflänzchen" kümmern?
- ❒ Erich, der „dumme Esel", macht dann doch wieder die Drecksarbeit für den Projektleiter?
- ❒ Heinrich, „die Niete"?
- ❒ Marion, „die ehrgeizige Ziege"?

Abb. 9: Übung zu den Beziehungsauswirkungen innerer Bilder

In komplementäre Beziehungs-konstellationen hinein schaukeln

Wir verhalten uns entsprechend unserer Vorstellungen und andere Konfliktbeteiligte reagieren bewusst/unbewusst auf davon ausgehende Signale. Auf diese Weise können wir uns in komplementäre Beziehungskonstellationen hinein schaukeln: Vorstellungen, Signale, Reaktionen von Hilflosigkeit, Ängstlichkeit können auf der anderen Seite „einladen" zu forschem Auftreten, rücksichtslosem Vorgehen … und umgekehrt. Signale der Insuffizienz auf der einen Seite können eine Stärkung und Stützung des anderen Komplementärpartners bewirken – insbesondere bei hierarchisch geordneten Beziehungen. Aber auch symmetrische Beziehungskonstellationen können die Folge sein, wie dies z. B. bei Machtkämpfen der Fall ist (Tau ziehen).

Transferaufgabe

Bitte rufen Sie sich Ihre Konflikterfahrung in Erinnerung und prüfen Sie:

- ❒ Welche „inneren Bilder" von der anderen Konfliktparteil haben Sie entwickelt?
- ❒ Welche „Vorstellungen" hatten/haben Sie von sich in dieser Konfliktsituation entwickelt?
- ❒ Inwiefern könnten diese Vorstellungen Ihre Beziehung zur anderen Konfliktpartei beeinflussen bzw. beeinflusst haben?
- ❒ Wie dienlich sind solche Vorstellungen mit Blick auf Ihre auf die Konfliktsituation bezogenen Ziele?

Zu (3) Auswirkungen auf die Beziehung zu anderen Systemelementen

Auch der eigene Blick auf und die Einstellung zu einem umfassenderen Beziehungssystem (Partnerschaft, Familie, Verein, Organisation, Unternehmen, Kommune …), in das der Konflikt eingelagert ist, können sich verändern. Z. B.: Ziele und Vorhaben der Abteilung, der Organisation, von denen wir vielleicht überzeugt waren, erscheinen uns nun in einem anderen Licht, werden fragwürdig.

Beispiel

- ❐ Die Besetzung der Leitungsstelle, für die Sie sich beworben hatten, mit einem Externen wird mit anderen Augen gesehen und rückwirkend neu bewertetet: „Genau betrachtet war das schon immer ungerecht, was hier gelaufen ist".
- ❐ Vertraute Gewohnheiten und individuelle Ansprüche werden neu definiert, der „ganze Betrieb" erscheint in einem völlig neuen Licht. Z. B.: Das ganze Unternehmen wird nun als „ein intriganter Laden" gesehen oder die Geschäftsführung als „Blindschleiche".

1.6 Basisprozesse, die in einem Beziehungssystem zu bestimmten Strategien der Konfliktbewältigung führen können?

Muster des Umgangs mit Konflikten

Am Ende dieses Kapitels werfen wir noch einen Blick auf die Basisprozesse, die in einem sozialen System – z. B. zwischen KollegInnen, zwischen MitarbeiterIn und ChefIn, in einer Arbeitsgruppe, in einer Abteilung, in oder zwischen Organisationen bzw. noch umfassenderen Systemen – dazu führen können, dass sich bestimmte Muster des Umgangs mit Konflikten einspielen, „einschleifen" und verfestigen.

1.6.1 Muster im Umgang mit Konflikten als eine Art „hypnotische Fixierung"

„Fokussierung von Aufmerksamkeit"

Wie oben, unter Ziff. 1.5.1 dargestellt, kann das Konflikterleben gewissermaßen als eine Art von Trancezustand begriffen werden. Knüpfen wir nun an diesen Überlegungen wieder an, so können wir sowohl die Prozesse in uns, d. h. die innerpsychischen Vorgänge, durch die unsere Wahrnehmung, unser Denken, Fühlen und Verhalten in selektiver Weise ausgerichtet werden, wie auch die Interaktionen (und Kommunikation) mit anderen Konfliktbeteiligten, als Ausdruck der „Fokussierung von Aufmerksamkeit" verstehen. Gemeint sind damit die zwischen den BeziehungspartnerInnen ablaufenden, quasi-hypnotischen Fokussierungen, die sich auch als „wechselseitige Einladungen" beschreiben lassen (vgl. *Schmid* 1994). Der quasi-hypnotische Aspekt der Vorgänge kann sehr gut beobachtet werden in den unwillkürlich/unbewusst ablaufenden Prozessen der (verbal/nonverbalen) Kommunikation zwischen den Beteiligten.

Die Kommunikationsbeiträge der in den Konflikt involvierten Personen wirken auf sie selbst wie auch auf die anderen Beteiligten wie wechselseitige „Induktionsrituale“ (vgl. *Schmidt* 1994). Bildlich, und etwas beschönigend gesprochen, kann dies als eine Art von „interaktionellem Ritualtanz“ (ebd.) beschrieben werden. Je nachdem, welchen „interaktionellen Ritualtanz“ die Beteiligten gerade inszenieren, führt dies in der Organisation entweder zu einer Problemfokussierung (z.B. Gewinner-Verlierer-Strategie, Verlierer-Verlierer-Strategie) oder eher zu einer Lösungsfokussierung (win-win-Strategie).

Interaktioneller Ritualtanz

Die Wahl ihrer eigenen Strategie machen die Konfliktparteien vorzugsweise von der Vorgehensweise der Gegenpartei abhängig. Dies führt zu einer Einengung des eigenen Erlebens und Verhaltens und zu einer Konzentration auf bestimmte Ausschnitte des potenziellen Handlungs- und Lösungsspektrums, entsprechend der wahrgenommenen und interpretierten „Regeln“ des Systems (*Schmidt* 1994, S. 11). Die Beteiligten „hypnotisieren“ sich gewissermaßen wechselseitig in einen Fokussierungs-„Raum“ von Konfliktstrategien und -muster hinein.

Fokussierungs-„Raum“ von Konfliktstrategien

Diese Prozesse müssen jedoch nicht zwangsläufig so verlaufen und erst recht nicht mit Absicht. Keine Partei ist gezwungen, den Kommunikationsbotschaften der anderen, den „Fokussierungseinladungen“ zu folgen, sich auf diese einzulassen. Die Bedeutung einer Botschaft bestimmt immer die empfangende Seite und nicht der „Sender“ (vgl. *Watzlawick* 1984; 2003; vgl. auch oben Ziff. 1.1.). Deshalb ist auch der „Empfänger“, die „Empfängerin“ einer Botschaft mit verantwortlich für die Bedeutung, die er/sie der Botschaft gibt und wie sie darauf reagiert und sich verhält.

„Fokussierungseinladungen“

1.6.2 Die Art der Konfliktbewältigung als Teil des Problems/Konflikts

Oft werden bei dem Versuch der Konfliktlösung mehrere der beschriebenen Verhaltensweisen und Strategien eingesetzt. Die Wahl der eigenen Strategie wird in vielen Fällen von dem Verhalten der anderen Konfliktpartei abhängig gemacht bzw. von ihr mitgesteuert. Die Konfliktbeteiligten greifen, wie gerade beschrieben, nicht mehr auf das volle Potenzial ihrer Verhaltensmöglichkeiten zurück. Sie schaukeln sich wechselseitig „hoch“ bzw. in den Konflikt hinein. Unter Bezugnahme auf *Glost* (1989, S. 200–228) lassen sich solche Prozesse der „wechselseitigen Fokussierungseinladungen, die zu einer Konfliktsituation führen, noch etwas konkreter beschreiben.

Wahl der eigenen Strategie

Negativprojektion
Das Negative wird auf den anderen projiziert. Das erhöht wiederum die Selbstfrustration, weil man zu spontanen, negativen Reaktionen gegen den anderen neigt, – worauf der andere wiederum negativ reagiert, usw.

Konfliktausweitung – wechselseitige Vorwürfe

Quantität und Komplexität des Konfliktes

Immer neue Themen, Probleme, Einzelheiten werden in den Konflikt eingebracht. Das erhöht die Quantität und die Komplexität des Konfliktes. Gleichzeitig haben die Parteien die Tendenz, die Konfliktsituation jeweils aus ihrer subjektiven Sicht zu vereinfachen und dem anderen vorzuwerfen, dass er die Sache verdreht, nicht richtig sieht, übertreibt, etc..

Entdifferenzierungen und Verallgemeinerungen

Anspruch von allgemeingültiger Objektivität

Subjektive Meinungen erhalten den Anspruch von allgemeingültiger Objektivität – wonach sich der andere gefälligst zu richten hat. Beide Seiten haben die Tendenz, die Zusammenhänge und Abhängigkeiten zu vereinfachen.

Verstärkung

Dritte Personen einbeziehen

Man versucht, dritte Personen oder Gruppen einzubeziehen. Sei es, indem man sich auf ExpertInnen beruft, sie zitiert oder tatsächlich eine dritte Person als KoalitionspartnerIn zu Hilfe holt.

Drohgebärden

Drohungen

Man verstärkt schrittweise die Drohungen gegen den anderen in der Hoffnung, dass er nachgibt. Der andere tut aber dasselbe. Damit provoziert man sich gegenseitig und erfährt zugleich auch die negativen Folgen des eigenen Handelns.

Eskalation

„Symmetrische Eskalation"

Allmählich tendiert man dazu, negative Handlungen des anderen zu antizipieren, bevor dieser noch überhaupt etwas „Negatives" sagt oder unternimmt. *Watzlawick* beschreibt diesen Mechanismus bekanntlich als „symmetrische Eskalation". Die Konfliktbeteiligten manipulieren sich gewissermaßen wechselseitig in eine Sackgasse hinein und wandern dabei die Konfliktspirale hinauf.

Rückzug, Boykott, Rache

Innere Emigration

Dienst nach Vorschrift

„Mehrdesselben" – Strategie

Überwiegen Konfliktbewältigungsstrategien basierend auf Macht und/oder Recht, so führen diese oft auch noch mehr in den Konflikt hinein. Der Konflikt kann noch mehr eskalieren. Befindet sich eine Partei in der untelegenen, abhängigen Position, so kann es auch zu einem Rückzug, zur inneren Emigration, zu einem Motivationsverlust, zu Boykott (Widerstand, Streik) und Rache (Dienst nach Vorschrift, Fehlzeiten, Sabotage …) kommen. Diese Kommunikationsfiguren (Muster) nennt *Watzlawik* (1984) eine „Mehrdesselben" – Strategie, bei der die Art der Konfliktlösung selbst Teil des sich weiter entwickelnden Konfliktes wird.

In diesem Kapitel haben wir vor allem die individuelle, intrapsychische Seite des Konfliktge-schehens und der Konfliktentwicklung sowie die Wirkungen auf das Kommunikationsverhalten und die jeweiligen Beziehungen beleuchtet. Ergänzend dazu werden im Band „Konfliktmanagement" (*Beck/Schwarz* 2006) die soziale, organisationsstrukturelle und -kulturelle Seite von Konflikten und korrespondierende Gestaltungsmöglichkeiten des Konfliktmanagements in den Vordergrund gerückt.

2. Konfliktbearbeitung: Rollen, Anforderungen und handlungstheoretische Grundlagen

„Ignorieren ist noch keine Toleranz.“
Theodor Fontane

2.1 Rollen in der Konfliktbearbeitung und Anforderungen

Verschaffen wir uns zunächst einen Überblick darüber, aus welchen Rollen heraus eine Konfliktbearbeitung maßgeblich vorgenommen werden kann.

2.1.1 Rollen im Überblick

Grundsätzlich lassen sich bei einer Konfliktbearbeitung folgende Rollen unterscheiden:

Rollen in der Konfliktbearbeitung
SchlichterIn Wenn er / sie sich bemüht Vereinbarungen zu Systemveränderungen zu erzielen.
VerhandlungsführerIn / VermittlerIn / ModeratorIn / MediatorIn Wenn er / sie die Konfliktparteien dabei unterstützt, Lösungen zu erarbeiten, um sie von der Annahme der Veränderungsvorschläge zu überzeugen.
WissensvermittlerIn / TrainerIn Wenn er / sie den Konfliktparteien hilft, ihr Wissen über Konfliktlösungsmöglichkeiten zu erweitern und Fertigkeiten zu entwickeln.
CoachIn Wenn er / sie Hinweise, Klärungshilfe gibt, Motivation klärt, Ziele herausarbeitet, Feedback und Unterstützung anbietet.
ProzessbegleiterIn Wenn er / sie über einen längeren Zeitraum, in verschiedenen Situationen die Konfliktparteien anregt, effektivere Lösungswege zu entwickeln und umzusetzen und sie dabei unterstützt.
ExpertIn Wenn er / sie das bestehende Konfliktsystem analysiert und mögliche Alternativen anbietet.

Quelle: nach Ury u.a. 1996; vgl. auch Glasl 2004

Abb. 10: Rollen in der Konfliktbearbeitung

Zwei dieser Rollenbereiche, mit denen wir uns in dieser Publikation insbesondere befassen – das Konflikt-Coaching und die Verhandlungsführung – sollen noch etwas ausgeführt werden.

2.1.2 Konflikt-Coaching

Ein Coach ist ein Berater, der Einzelne und/oder Gruppen und Teams dabei unterstützt, ihre arbeits-, berufs- und organisationsbezogenen Ziele zu erreichen und ihre Leistungen zu optimieren (zu den Varianten von Coaching vgl. *Beck/Schwarz* 2006).

Konflikte kommunikativ lösen

Konflikte kommunikativ zu klären, zu steuern, zu lösen oder die dafür notwendigen Fähigkeiten zu vermitteln, gehört jedoch nicht nur zum Aufgabenbereich professioneller BeraterInnen – wie Coachs, OrganisationsentwicklerInnen oder auch MediatorInnen. Entsprechende Kompetenzen werden ebenso von MitarbeiterInnen in Führungs- und Leitungspositionen erwartet (vgl. Beck 2004; 2005; Kerntke 2004). Das Coaching nutzt Freiräume für Reflexion, ermöglicht die Klärung persönlicher wie auch organisations- und unternehmensbezogener Zielperspektiven und hilft bei der Entwicklung konkreter Handlungs-/Lösungsschritte (vgl. *Looss* 2003; *Schreyögg* 1995; *Vogelauer* 2000; *Fischer/Graf* 2002; *Vollbracht* 1999).

Das Coaching unterstützt Führungskräfte/MitarbeiterInnen

Aufgaben des Coaches

- ❒ in der Schärfung ihrer Selbstwahrnehmung und Selbstbeobachtungsfähigkeit,
- ❒ eigene Ressourcen zu entdecken, zu entwickeln und zielorientiert zu nutzen,
- ❒ neue oder auch schwierige, konfliktreiche Arbeitssituationen zu bearbeiten.

Was bedeutet das in Bezug auf das Konflikt-Coaching?

Der Coach – sei es als professionelle/r BeraterIn oder situativ auch als Führungs-/Leitungskraft – unterstützt

- ❒ Einzelpersonen darin, in Konfliktsituationen die persönliche Balance zu halten oder auch wieder zu gewinnen und/oder
- ❒ Konfliktgespräche konstruktiv zu führen,
- ❒ Gruppen und/oder Teams bei Konflikten, um zu einer möglichst konstruktiven Lösung zu kommen.

2.1.3 Verhandlungsführung

Verhandlungscharakter Verhandlungsführung

Da Konflikte, insbesondere wenn es um Interessensgegensätze geht, Verhandlungscharakter haben, können Aspekte einer Verhandlungsführung auch für Konfliktsituationen herangezogen werden. Das zentrale Konzept, auf das in diesem Zusammenhang immer wieder Bezug genommen wird, ist das Harvard-Konzept (vgl. unten Ziff. 2.3.1). Verhandlungsführung ist in vielen Situationen gefragt; sei es bei der Aushandlung eines neuen Dienst-/Einsatzplans, bei Auseinandersetzungen zweier Abteilungen über die Raumaufteilung im neuen Firmengebäude oder bei einem Interessenausgleich zwischen Betriebsrat und Geschäftsführung. Bei der Verhandlungsführung stehen sich zwei oder mehrere Konfliktparteien gegenüber, die ihre Konflikte miteinander durch Verhandlung lösen oder zumindest begrenzen müssen, ohne weitergehende Veränderungsprozesse in die Wege zu leiten. Dies können Konflikte zwischen Teams, zwischen Management und Abteilung, zwischen Organisation und regionalem Umfeld sein.

Konflikte durch Verhandlung lösen

Mediation

Auch die Mediation kann als ein kommunikatives Verfahren der Konfliktlösung durch Verhandlung angesehen werden, die an den Überlegungen des Harvard-Konzeptes anknüpft. Bei der Mediation geht es um die Vermittlung in Streitfällen durch einen neutralen Dritten – den Mediator/die Mediatorin. Der Mediator steht außerhalb betrieblicher Hierarchien. Er unterstützt die Konfliktparteien, damit diese zu einer möglichst einvernehmlichen Lösung kommen, die ihren Interessen entspricht (*Pühl* 2003, S. 10; zu den Prinzipien und Voraussetzungen für eine Mediation vgl. auch *Beck/Schwarz* 2006).

Vermittlung durch einen neutralen Dritten

Die Verantwortung für die Steuerung des Prozesses der Konfliktbearbeitung kann von Personen in unterschiedlichen noch weiter zu differenzierenden Rollen übernommen werden. Welche Anforderungen damit verbunden sind steht im Zentrum der nachfolgenden Ausführungen.

2.1.4 Konfliktparteien

Situationsklärung

Ergreift eine Konfliktpartei die Initiative für eine Situationsklärung und Konfliktbearbeitung so ist es umso nötiger, dass diese

- ❒ sich im Vorfeld ein umfassendes Bild über die Ausgangssituation verschafft,
- ❒ sich Klarheit verschafft, über die eigenen Interessen und Ziele,
- ❒ sich über organisatorische und rechtliche Rahmenbedingungen informiert, um den eigenen Handlungsspielraum realistisch einschätzen zu können,
- ❒ eine differenzierte Vorstellung gewinnt von den Beweggründen und Interessen der Gegenpartei,
- ❒ Schritte plant, auf welche Weise die andere Konfliktpartei für ein Gespräch, eine Verhandlung gewonnen werden kann und wie der Verlauf einer Konfliktbearbeitung sein könnte,

- sich auf ein solches Gespräch gründlich vorbereitet, was auch bedeutet,
- sich der eigenen, erforderlichen Kompetenzen (notwendigen Einstellungen, Fähigkeiten, Wissen) zu vergewissern,
- kritisch prüft, ob und wie aussichtsreich es ist, in der Rolle einer Konfliktpartei die Initiative für eine Konfliktbearbeitung zu ergreifen und zugleich Verantwortung zu übernehmen für eine Steuerung des Prozesses der Konfliktbearbeitung.

Konfliktbearbeitung

Bei sozialen Konflikten (vgl. *Beck/Schwarz* 2006) geht die Initiative für eine Konfliktbearbeitung oftmals von einer Konfliktpartei aus. Dies ist insbesondere dann der Fall, wenn sich der Konflikt noch nicht zugespitzt hat und noch keine Verhärtung und Polarisierung zwischen den Konfliktparteien erfolgt ist. Gibt es Anzeichen, dass sich die andere Konfliktpartei auf ein Gespräch, eine Verhandlung im Rahmen eines strukturierten Vorgehens einlässt, so kann ein entsprechender Versuch durchaus lohnenswert sein. Dennoch ist es auch hier empfehlenswert, die Vorbereitung und Prozess-Steuerung der Verhandlungsführung einer neutralen Instanz – eine nicht in den Konflikt involvierte Führungs-/Leitungskraft bzw. eine/n internen/externe BeraterIn – zu übertragen.

2.1.5 Führungs- und Leitungskräfte

Neutrale Dritte

Personen in Führungs- und Leitungspositionen können „neutrale Dritte" sein, die einen Prozess der Konfliktbearbeitung initiieren und auch steuern. Dies ist insbesondere dann der Fall, wenn es zum Konflikt kommt zwischen

- einzelnen MitarbeiterInnen oder
- Gruppen von MitarbeiterInnen,
- MitarbeiterInnen und KlientInnen (KundInnen),
- MitarbeiterInnen und externen Personen, Kooperationspartnern, Vertretern anderer Organisationen.

Etwas komplizierter wird es, wenn Führungs- und Leitungskräfte selbst Konfliktbeteiligte sind, denen es zugleich obliegt mit anderen Konfliktbeteiligten zu einer Lösung zu kommen.

Führungskraft selbst Konfliktpartei

„Konfliktfähigkeit" und Konfliktgespräche kompetent führen können, sind Anforderungen, die grundsätzlich mit Führungs- und Leitungsaufgaben verbunden sind. Ist die Führungskraft bzw. die Leitung selbst Konfliktpartei, ist ihr Verhalten gar Gegenstand eines Konfliktes, so ist es ebenfalls unerlässlich, sich den o. g. Aufgaben und Fragen zu stellen und gegebenenfalls auf die Unterstützung einer „neutralen Instanz" zurückzugreifen.

Bevor Sie als Führungs-/Leitungskraft definitiv die Initiative für eine Situationsklärung und Konfliktbearbeitung übernehmen, prüfen Sie

- ❒ welche Rolle Sie gegebenenfalls in dem Prozess der Konfliktbearbeitungen einnehmen würden:
  - ➢ Sind Sie am Konflikt beteiligt oder neutrale/r Dritte/r?
  - ➢ In welcher Rolle würden Sie in diesem Konflikt agieren, als ExpertIn, SchlichterIn, ModeratorIn, UnterhändlerIn, TrainerIn, Coach? (siehe oben Ziff. 2.1.1).
- ❒ ob Sie den nachfolgend unter Ziff. 2.2 genannten Anforderungen nachkommen können bzw. wollen;
- ❒ anhand nachfolgender Checkliste (CL 1) kritisch, ob Sie sich dieser Aufgabe allein stellen oder auf die Unterstützung einer „neutralen Instanz" zurückgreifen wollen oder sollten.

Checkliste 1:
CL

Den Konflikt selbst klären oder einen/e BeratungsexpertIn hinzuziehen?

Bitte kreuzen Sie Ihre Antwort auf die fett gedruckten Fragen an!

Ja | Nein | Ich bin mir nicht sicher

1. Welche Rolle haben Sie in dem Konflikt? Sind Sie am Konflikt beteiligt oder neutraler Dritter? In welcher Rolle würden Sie in diesem Konflikt agieren, als ExpertIn, SchlichterIn, ModeratorIn, UnterhändlerIn, TrainerIn, Coach?

Trauen Sie sich zu, die erforderliche Rolle verantwortlich auszufüllen?

2. Falls Sie Konfliktbeteiligter sind: Welche Gefühle verbinden Sie mit dem Konflikt und den anderen Konfliktparteien?

Haben Sie die eventuell vorhandenen negativen Gefühle im Griff, so dass Sie konstruktiv mit dem Konflikt und den Beteiligten umgehen können?

3. In welchem Stadium ist der Konflikt? Ist der Konflikt noch in einem frühen Stadium, d. h. ist noch keine Verhärtung und Polarisierung zwischen den Konfliktparteien erfolgt oder muss eine externe neutrale Instanz vermitteln, schlichten oder moderieren? Gibt es Anzeichen, dass sich die andere Konfliktpartei auf ein Gespräch, eine Verhandlung im Rahmen eines strukturierten Vorgehens einlässt, so kann ein entsprechender Versuch durchaus lohnenswert sein.

Kann der Konflikt noch im Gespräch gelöst werden?

4. Welche Interessen und Ziele verbinden Sie mit der Lösung des Konflikts?

Haben Sie Ihre Interessen und Ziele geklärt, so dass Sie klar kommunizieren können?

5. Welche rechtlichen und organisatorischen Rahmenbedingungen sind vorhanden?

Haben Sie alle erforderlichen Informationen, um bei der Konfliktlösung weiterzukommen?

Fortsetzung – Den Konflikt selbst klären …

	Ich bin mir nicht sicher	Nein	Ja
6. Welche Konfliktdimensionen und Ebenen sind betroffen? Auf welcher Ebene macht es Sinn, den Konflikt zu klären?			
Sind Sie sich klar, welche Konfliktebenen der Konflikt umfasst?			
7. Wie ist Ihre eigene Haltung zum Konflikt und zu den beteiligten Konfliktparteien? Sehen Sie den Konflikt auch als Chance? Sehen Sie die Beweggründe, Anliegen und Interessen der anderen Konfliktparteien?			
Sind Sie bereit, mit einer offenen Haltung an den Konflikt heran zu gehen?			
8. Wie stehen die anderen Konfliktparteien zu Ihnen? Ist eine misstrauische Grundhaltung Ihnen gegenüber zu erwarten? Welche vertrauensbildenden Maßnahmen könnten Sie in die Wege leiten?			
Können Sie mit Vertrauensvorschuss rechnen?			
9. Kennen Sie Beweggründe und Interessen der anderen Konfliktpartei(en)? Sehen Sie eine Basis für eine gemeinsame Lösung oder widersprechen die Beweggründe und Interessen der anderen Konfliktpartei Ihren eigenen Interessen?			
Glauben Sie, dass Sie angesichts der subjektiven und objektiven Faktoren genügend Handlungsspielraum haben?			
10. Haben Sie sich der eigenen, erforderlichen Kompetenzen (notwendigen Einstellungen, Fähigkeiten, Wissen) vergewissert? Wie weit haben Sie bereits ähnliche Konflikte gesteuert und konstruktiv gelöst?			
Trauen Sie sich zu, diesen Konflikt mit all seinen Dimensionen zu lösen?			
Summe:			

Auswertung
So zählen Sie die Punkte
Ja-Antwort = 2 Punkte; Ich bin mir nicht sicher = 1 Punkt; Nein = 0 Punkte

Empfehlungen

16–20: Sie sind sich sicher, dass Sie den Konflikt kompetent lösen können. Mit diesem Gefühl haben Sie eine gute Startbasis, den Konflikt allein zu steuern.

11–15: Sie sind noch ambivalent, ob Sie den Konflikt kompetent lösen können. Vor diesem Hintergrund sollten Sie sich am besten mit Vertrauten in Ihrem Umfeld beraten.

0–10: Für Sie ist es sinnvoll, eine/n BeratungsexpertIn einzubinden.

Abb. 11 CL: Den Konflikt selbst klären oder ein/e BeratungsexpertIn hinzuziehen? Quelle: Beck/Birkle 2005

2.1.6 Professionelle BeraterInnen, ModeratorInnen

Eine Konfliktsituation muss nicht hoch eskaliert sein, um sich der Unterstützung einer „neutralen Partei", eines professionellen Coachs/BeraterIn, KonfliktmoderatorIn oder auch eines/einer MediatorIn zu bedienen. Ist ein Konflikt jedoch eskaliert, sind Verhärtungen und Polarisierungen eingetreten, dann sollte in jedem Falle eine Unterstützung von professioneller Seite geholt werden.

Aufgaben Konfliktmoderation

Für welche Aufgaben kann eine Konfliktberatung/Konfliktmoderation die Verantwortung übernehmen?

Aufgaben der Konfliktberatung/Konfliktmoderation

Konfliktberatung/-moderation konzentriert sich ausschließlich auf die „Prozessberatung", d. h. die Gestaltung des Prozesses der Konfliktbearbeitung. Charakteristisch für eine Prozessberatung ist, dass es hier nicht um die Vorgabe einer Konfliktlösung geht. Die Verantwortung für das Problem und deren Lösung liegt deutlich und eindeutig in den Händen der Konfliktbetroffenen.

Problemlösungsfähigkeit stärken

Im Zentrum steht die Entwicklung von Problemlösefähigkeit im „ratsuchenden System". BeraterInnen bzw. ModeratorInnen haben hier lediglich eine unterstützende Funktion bei der Bestimmung und Lösung der Probleme der Ratsuchenden. BeraterInnen sind für den Prozess und das Verfahren verantwortlich.

Konflikte können auch im Rahmen eines bereits laufenden Einzelcoachings, einer laufenden Teamentwicklungsmaßnahme oder eines Organisationsentwicklungsprozesses sichtbar werden, auftreten und dann auch aufgegriffen werden.

Als Konfliktcoach/KonfliktmoderatorIn unterstützen sie – abhängig vom jeweiligen Setting – Einzelne, Gruppen oder Teams bei der Klärung von Konflikten und Konflikthintergründen sowie bei der Entwicklung geeigneter Lösungen.

Sie initiieren (Lern-) Prozesse, die durchaus auch über die Ebene des individuellen Lernens Einzelner bzw. über die Beziehungsebene der Konfliktparteien hinaus bis in die Gesamtorganisation hinein reichen können. Das ist z. B. dann der Fall, wenn eine Konfliktbearbeitung Ergebnisse bringt, die auch strukturelle Konsequenzen für die Organisation haben und das Management bereit ist, die erforderlichen Änderungen zu realisieren.

Fortsetzung – Aufgaben der Konfliktberatung …

Wichtig für Sie als Konfliktcoach / KonfliktmoderatorIn ist es

- die Anforderungen der jeweiligen Situation zu erfassen, mit den Beteiligten zu klären und abzustimmen;
- Wissen über Strukturen und Abläufe einer Organisation zu haben und ein dementsprechend waches Auge für Wirk- und Einflussgrößen, die den Konflikt mit strukturellen und kulturellen Rahmenbedingungen sowie typischen Prozessen in einer Organisation verknüpfen (vgl. *Beck/Schwarz* 2006);
- darauf zu achten, dass ein Konfliktgeschehen nicht einseitig und isoliert auf persönliche Merkmale bzw. auf Fragen der Beziehung zwischen den Konfliktparteien reduziert wird;
- setzt voraus, dass der / die Berater / in von den Konfliktparteien unabhängig ist und keinen Vorteil oder Nachteil von möglichen Ergebnissen der Konfliktbearbeitung hat.

Abb. 12: Aufgaben der Konfliktberatung / Konfliktmoderation

2.2 Haltungen, Einstellungen und kommunikative Kompetenzen

Ein professioneller Konfliktcoach / KonfliktmoderatorIn muss folgende Einstellungen und Haltungen[1] mitbringen und glaubwürdig und authentisch in seinem Kommunikationsverhalten äußern können.

2.2.1 Neutralität

Eine „neutrale" Einstellung

- äußert sich darin, dass unterschiedlichen Sichtweisen, Wertvorstellungen, Standpunkte, Lebensentwürfe, Sinnsetzungen, bisherige Lösungsversuche etc. der einzelnen Beteiligten gleichwertig in das Gespräch eingebracht werden und nebeneinander bestehen können. Dabei hat es sich bewährt, wenn der / die Berater / in, keine Sichtweise als richtiger, wahrer oder wirklicher ansieht.
- setzt voraus, dass der / die Berater / in von den Konfliktparteien unabhängig ist und keinen Vorteil oder Nachteil von möglichen Ergebnissen der Konfliktbearbeitung hat.

[1] Insbesondere aus Sicht systemischer Beratungsansätze (vgl. Bamberger 1999; Madelung 1996; Walter/Peller 1996) und dem systemischen Coaching werden folgende Anforderungen an eine (interne/externe) professionelle Konfliktberatung bzw. Konfliktmoderation gestellt (vgl. auch Müller 2003).

2.2.2 Allparteilichkeit

Allparteilichkeit zeigt sich darin, dass

- allen Beteiligten eines Beratungsprozesses in einer annähernd gleichen Weise Zeit und Aufmerksamkeit entgegengebracht werden;
- alle Konfliktparteien unterstützt werden, ihre Bedürfnisse auszudrücken, ihre Interessen zu klären und zu formulieren und eine gute, auch für sie annehmbare Lösung zu erarbeiten;
- die Konfliktparteien diese Einstellung und das Bemühen auch subjektiv so wahrnehmen und nicht das Gefühl haben oder die Sicht entwickeln, sie könnten benachteiligt (oder bevorzugt) werden;
- auf freiwillige Teilnahme an der Konfliktbearbeitung Wert gelegt und darauf geachtet wird, dass es einen tatsächlichen Handlungsspielraum für die Entwicklung gemeinsamer Lösungen gibt und Lösungen nicht von der einen oder anderen Seite oder auch von Seiten eines Auftraggebers, des Managements einseitig vorgegeben werden.

Zeit und Aufmerksamkeit

Annehmbare Lösung erarbeiten

Freiwillige Teilnahme

2.2.3 Klarer Umgang mit Macht und Hierarchie

Ein klarer Umgang mit Macht und Hierarchie äußert sich darin, dass

- die betriebliche Hierarchie – z.B. bei Konflikten zwischen MitarbeiterInnen und Leitungen – klar respektiert wird und zugleich
- die Kommunikation zwischen Vorgesetzten und MitarbeiterInnen während des Prozesses der Konfliktbearbeitung „auf gleicher Augenhöhe" (hierarchiefrei) verläuft, d.h., dass beide Seiten die gleiche Möglichkeit haben, ihre Sicht, ihr Anliegen, ihre Interessen zu äußern und einzubringen.
- Sofern Sie im Rahmen Ihrer Führungs- und Leitungstätigkeit die Verantwortung für die Prozessgestaltung und -steuerung einer Konfliktbearbeitung übernehmen sollen bzw. wollen prüfen Sie, inwieweit Sie den genannten Einstellungen gerecht werden können.

Auf gleicher Augenhöhe

Die nachfolgend komprimiert genannten kommunikativen Kompetenzen sind Grundlage jeder förderlichen Gesprächsführung. Sie wurzeln in wachstumsorientierten Beratungsansätzen, wie sie vor allem in der Humanistischen Psychologie entwickelt wurden. Wachstumsorientierte Ansätze sehen den Menschen als ein Individuum, das nach Selbstverwirklichung und Selbstaktualisierung strebt. Neben vielen anderen sind es insbesondere *Carl Rogers* (1957), *Milton Erickson*, *Virginia Satir*, die hier Bahnbrechendes geleistet haben und bis in die Gegenwart hinein weiterwirken. Auch *F. Glasl* und *R. Fisher/W. Ury/B. Patton*, die zu den wichtigsten Forschern und Autoren im Bereich Konfliktforschung/Konfliktlösungsansätze zählen, und auf deren Ansätze hier häufig Bezug genommen wird, arbeiten mit wachstumsorientierten Grundhaltungen. Einstellungen, die hier zugrunde gelegt

Wachstumsorientierte Beratungsansätze

werden, bestimmen zugleich die Qualität jeglicher menschlichen Beziehung, weil sie dem menschlichen Bedürfnis nach sozialer Bezogenheit, Anerkennung, Wertschätzung und Zuneigung entsprechen.

2.2.4 Verstehen und aktiv Zuhören

Einfühlende Verstehen

Diese Grundeinstellung geht zurück auf C. Rogers, der von „einfühlendem Verstehen" spricht. Einfühlendes Verstehen erfordert die Fähigkeit sich in andere hineinzuversetzen, verbunden mit dem Bemühen, deren Werte, Ziele, augenblickliche Gefühle und Denkweisen verstehen zu wollen. Es ist die Fähigkeit, die Welt mit den Augen anderer zu sehen. *Rogers* nennt dies auch Empathie (vgl. *Rogers* 1964/1972/1981). Verstehen eines anderen Menschen ist, realistisch betrachtet nur bedingt und annäherungsweise möglich. Angemessener ist es daher in diesem Zusammenhang – *Rogers'* Aussage relativierend – von einer grundsätzlichen Bereitschaft und einem grundsätzlichem Bemühen, den Standort, die Perspektive eines Gesprächspartners kennen lernen und verstehen zu wollen. „Verstehen" in diesem Sinne basiert auf dem was gemeinhin als „aktives Zuhören" bezeichnet wird. Dieses umfasst nicht nur das genaue Hinhören, sondern auch das genaue Hinsehen und Hinfühlen.

Empathie

Aktives Zuhören

Es geht hier nicht nur um die Erfassung dessen, was ein Gesprächspartner sprachlich ausdrückt, sondern auch um die sensible Wahrnehmung der Art und Weise, wie er/sie es sagt, d.h. der nichtsprachlichen Reaktionen (wie Mimik, Blickkontakt, Körperhaltung, Atmung usw.). Wir erfahren gerade über nichtsprachliche Signale eine ganze Menge über den Bedeutungsgehalt (die emotionale Bedeutung) einer Aussage.

Aktives Zuhören verlangt

- ❒ auch auf unterschiedliche Botschaften, die mit jeder Aussage verbunden sein können, sensibel zu achten und
- ❒ sich zugleich bewusst zu sein, dass das, was Sie gesehen, gehört, gedeutet haben, nicht unbedingt das ist, was der Gesprächspartner Ihnen mitteilen wollte.

2.2.5 Anerkennung der Individualität

Dies setzt voraus, dass die Unterschiedlichkeit von Menschen, ihre Individualität, anerkannt und respektiert wird. Die Individualität der Gesprächspartnerin/Konfliktbeteiligten anzuerkennen heißt in diesem Kontext ganz klar, sie als „ExpertIn" für ihre eigenen Angelegenheiten, ihr Anliegen, ihre Sicht- und Bewertungsweisen zu akzeptieren und wertzuschätzen.

ExpertIn für ihre eigenen Angelegenheiten

Menschen entwickeln aufgrund spezifischer Lebenserfahrungen, ihrer unterschiedlichen privaten Lebenssituationen und ihrer jeweiligen Rollen im beruflichen und öffentlichen Leben jeweils eigene Betrachtungs- und Bewertungsperspektiven. Der Einzelne sieht und bewertet „die Dinge" mit eigenen Augen, die oft etwas anderes sehen, als die des Vorgesetzten, des Kollegen, des Teammitglieds, der Beraterin usw.

2.2.6 Verzicht auf „Feilschen" um „richtig oder falsch"

Feilschen um die richtige Sicht

Ein „Feilschen" um die richtige, wahre Sicht führt bei Konflikten meist nicht weiter, sondern nur in eine unfruchtbare Diskussion, die sich immer wieder im Kreise dreht, schlimmstenfalls in einen Machtkampf, „wer nun recht und wer unrecht hat". Es ist ein wenig konstruktives Erbe unseres kulturell geprägten Denkens, dass wir leider allzu oft noch der Ansicht sind, nur eine Meinung in einer Gruppe zu haben sei das Wünschenswerte, das Beste. Unterschiedliche Auffassungen, abweichende Standpunkte sind – wenn schon nicht vermeidbar – so zügig wie möglich auf den richtigen Standard hin, das Normmaß zurechtzubiegen, zu uniformieren. Der trotz postmodernistischem Wertewandel gesellschaftlich noch wirksame Autoritätsglaube – wer die hierarchische Position hat, besitzt auch die „Deutungs-Macht", hat die rechte Experten-Sicht – unterstützt diese Prozedur nachhaltig. Welch reichhaltiges Potenzial an Ideen, an Vielfalt, an Kreativität wird hier verschüttet und/oder bleibt im Verborgenen.

Deutungs-Macht

Der Begründer der Kurzzeittherapie Steve *de Shazer* (1995) versucht hier eine Bresche zu schlagen und stellt fest: Unterschiedliche Sichtweisen sind kein Verhängnis, sondern ob ihrer Reichhaltigkeit ein Bonus, den wir bislang leider noch nicht zu schätzen wissen. Diesen Bonus zu nutzen, fordert vom Beratenden, Trainierenden als Coach der Führungskraft eine andere Grundeinstellung als die bislang meist praktizierte des „Besserwisserischen". Der Konflikt-Coach und der/die VerhandlungsführerIn hat hier die Verantwortung, die unterschiedlichen Äußerungen nicht nur zuzulassen, sondern auch dazu zu ermutigen. Davon ausgehend können dann Vereinbarungen entwickelt werden.

Unterschiedliche Sichtweisen

Zulassen

2.3 Handlungstheoretische Grundlagen und Leitlinien für die Gestaltung des Konfliktbearbeitungsprozesses

Die Leitlinien, die der grundsätzlichen Orientierung und Ausrichtung einer Konfliktbearbeitung dienen, lassen sich insbesondere ableiten aus dem Harvard Konzept, in dessen Zentrum das an Interessen orientierte sachgerechte Verhandeln steht (vgl. *Fisher/Ury/Patton* 2002) sowie den Konzepten systemischer Beratung und ihrem Grundverständnis lösungsorientierter Arbeit.

Harvard Konzept

Werfen wir zunächst einen Blick auf das Harvard-Konzept, das insbesondere die Handlungsgrundlage für eine interessensorientierte Verhandlungsführung darstellt.

2.3.1 Das Harvard-Konzept

Sach- oder themenbezogene win-win-Haltung

Konflikte haben häufig, insbesondere wenn es um Interessensgegensätze geht, Verhandlungscharakter. Das zentrale Konzept, auf das in diesem Zusammenhang immer wieder Bezug genommen wird ist das Harvard-Konzept. Im Zentrum dieses Konzeptes steht das sach- oder themenbezogene Verhandeln basierend auf einer win-win-Haltung. Ziel einer jeden Verhandlung ist das Erreichen einer Übereinkunft, die alle Beteiligten zufrieden stellt.

Verhandlungsführung nicht Positionsgerangel

Verhandlungsführung, wie sie im Harvard-Konzept vertreten wird, ist eine Strategie, vermittels derer alle Beteiligten einen Nutzen aus der Verhandlung ziehen sollen. Diese Art der Verhandlungsführung ist nicht vergleichbar mit Positionsgerangel oder dem Feilschen. Das Harvard-Konzept hebt vier Kriterien hervor, anhand derer jede Verhandlungsweise bewertet werden soll (*Fisher/Ury/Patton* 2002, S. 22).

2.3.1.1 Kriterien zu Bewertung von Verhandlungsweisen

- ❒ Eine Verhandlungsweise sollte zu einer vernünftigen Übereinkunft führen – sofern eine Übereinkunft überhaupt möglich ist.
- ❒ Eine „vernünftige“ Übereinkunft wird so definiert: „die legitimen Interessen jeder Seite werden in höchstmöglichem Maße erfüllt; eine gerechte Lösung bei Interessenkonflikten; sie ist von Dauer und stellt Beteiligten auch die Interessen der Allgemeinheit in Rechnung.“ (ebd.)
- ❒ Eine Verhandlungsweise sollte effizient sein.
- ❒ Eine Verhandlungsweise sollte das Verhältnis zwischen den Konfliktparteien verbessern oder zumindest nicht zerstören.

Negotiation on the merits

Die Begründer des Harvard-Konzeptes bezeichnen die von ihnen entwickelte Verhandlungsweise als „sachbezogenes Verhandeln oder Verhandeln nach Sachlage (principled negotiation bzw. negotiation on the merits)“ (ebd., S. 30).

2.3.1.2 Vier Grundvoraussetzungen des Verhandelns

Menschen

Hier lautet die Maxime: „Menschen und Probleme getrennt voneinander behandeln!“ (ebd., S. 31). Dies wird folgendermaßen begründet: Menschen sind keine Maschinen oder Roboter, sondern haben starke Gefühle, häufig sehr unterschiedliche Vorstellungen und außerdem Schwierigkeiten, sich klar zu verständigen. In Konfliktsituationen, wo ohnehin vieles durcheinander gerät, ist es daher besonders wichtig, die Probleme, um die es geht, „abzulösen“ und getrennt von den involvierten Menschen und deren Positionen zu behandeln. „Bildlich gesprochen sollten sich die Partner Seite an Seite sehen, wie sie gemeinsam das Problem angehen – und nicht, wie sie aufeinander losgehen.“ (ebd.)

Menschen sind keine Roboter

Interessen

Maxime: „Nicht Positionen, sondern Interessen in den Mittelpunkt stellen!“ (ebd.). Was ist damit gemeint? Oftmals wird durch Verhandlungspositionen das verdeckt, woran den Konfliktparteien wirklich gelegen ist. Dadurch kommt nicht zum Vorschein, was sie wirklich wollen. Eine Konzentration auf die jeweiligen Interessen soll hier helfen, die tatsächlichen Anliegen heraus zu arbeiten und zu berücksichtigen.

Nicht Positionen, sondern Interessen

Wahlmöglichkeiten (Optionen)

Hier lautet die Forderung: Vor einer Entscheidung verschiedene Wahlmöglichkeiten entwickeln! Wichtig ist es in diesem Zusammenhang, die Möglichkeit zu nutzen, optimale Lösungen zu beiderseitigem Vorteil zu entwickeln. Auch oder gerade dann, wenn der Druck sehr hoch ist, kann es wichtig sein, sich eine Bedenk- oder Auszeit zu nehmen um „über die ganze Palette möglicher Lösungen“ nachzudenken, „die alle gemeinsamen Interessen berücksichtigen und unterschiedliche Anliegen miteinander in Einklang bringen“ (ebd., S. 32). Erst danach soll der Versuch gestartet werden eine Übereinkunft zu erzielen.

Verschiedene Wahlmöglichkeiten entwickeln

Kriterien

Maxime: Auf neutralen Beurteilungskriterien bestehen! Gemeint sind hiermit die Bewertungskriterien für ein Verhandlungsergebnis bzw. eine Übereinkunft. Auf diese Weise soll verhindert werden, dass – vor allem bei unmittelbar sich widersprechenden Interessen – willkürliche Ergebnisse produziert werden bzw. auch eine Seite sich durchsetzt.

Neutrale Beurteilungskriterien

Die Lösung sollte von „fairen Maßstäben“, unabhängig vom „bloßen Willen der einen oder anderen Seite“ bestimmt sein (vgl. ebd., S. 32). Hierzu die Autoren: „Das heißt nicht, dass die Bedingungen nur auf Prinzipien beruhen müssen, die Sie auswählen, sondern nur, dass die Lösung von fairen Maßstäben bestimmt wird, etwa durch den Marktwert oder eine Expertenmeinung, durch Sitten, Rechtsnormen etc. Diskutiert man diese Kriterien (anstatt der Wünsche der Parteien), so muss am Ende keine von ihnen ‚nachgeben‘: einer fairen Lösung können sich beide unterwerfen.“ (ebd.)

Faire Maßstäbe

Diese vier skizzierten Grundvoraussetzungen einer sachbezogenen Verhandlungsweise sind über den gesamten Prozessverlauf von Bedeutung: und zwar von Anfang an, d. h. ab dem Moment, wo über eine Sache, ein Problem nachgedacht wird, bis zu dem Zeitpunkt, wo eine Übereinkunft erzielt wurde oder eben auch Lösungsversuche auf der Basis von Verhandeln aufgegeben werden.

2.3.1.3 Prozessphasen

Der Gesamtablauf wird in drei Prozessphasen unterteilt:

Analyse

Kontext klären

Hier geht es ausschließlich darum, den Kontext zu klären, die Situation zu erkennen. Informationen werden eingeholt, geordnet und bedacht. Dabei sollen die (menschlichen) Probleme und Interessen betrachtet werden, die den Vorstellungen und Gefühlen der anderen Konfliktparteien zugrunde liegen.

Interessen reflektieren

Ebenso ist es unerlässlich, die eigenen Interessen zu reflektieren, festzuhalten und Möglichkeiten sowie Kriterien auszuloten, die sich als Grundlage für das Erzielen einer Übereinkunft eignen würden.

Planung

Vorstellungen

In der Planungsphase werden Vorstellungen entwickelt und entschieden, was zu tun ist. Die genannten Grundvoraussetzungen einer sachgerechten Verhandlung sind auch hier zu beachten:

Interessen

- ❒ Wie soll mit den menschlichen Problemen und Interessen umgegangen werden?

Ziele

- ❒ Welche Ziele sind erreichbar?

Wahlmöglichkeiten

- ❒ Welche Wahlmöglichkeiten sind denkbar, stehen zur Verfügung, können noch entwickelt werden?
- ❒ Welche Kriterien eigenen sich zur Bewertung möglicher/erzielter Lösungen?

Diskussion

Gemeint ist hiermit der Prozessabschnitt, in dem die Parteien nun miteinander verhandeln um eine gemeinsame Lösung zu finden. Basis der Verhandlungsführung sind auch hier wiederum die o. g. Grundelemente.

- ❒ Die unterschiedlichen Vorstellungen und Frustrationsgefühle, vorhandener Ärger, Kommunikationsschwierigkeiten können erkannt und an- und ausgesprochen werden.
- ❒ Jede Seite sollte sich bemühen, die Interessen der anderen Partei verstehen zu lernen.

Wahlmöglichkeiten (Lösungsoptionen)

- ❒ Gemeinsam können Wahlmöglichkeiten (Lösungsoptionen) entwickelt werden, die für die Verhandlungsparteien vorteilhaft sind und auch den vereinbarten Bewertungskriterien entsprechen.

Das Harvard-Konzept gibt uns mit den hier skizzierten Standards einer Verhandlungsmethode ein durchaus brauchbares „Werkzeug" zur Konfliktregelung in die Hand. Wer sich darauf einlässt hat gute Chancen, eine vernünftige Übereinkunft zu erzielen und kann die Kostenseite der Konflikte und Konfliktlösungen „im Zaum" halten.

2.3.2 Zentrale Sichtweisen lösungsorientierter Beratungskonzepte

„Handle so, dass du die Anzahl der Möglichkeiten vergrößerst"
(Heinz von Foerster)

Dieses Zitat von *Heinz von Foerster*, gewissermaßen Leitmotiv einer systemisch ausgerichtenen Beratung, beschreibt zugleich eine Handlungsmaxime, deren Beachtung im Konflikt-Coaching und einer Verhandlungsführung – zumindest als Zwischenschritt – maßgeblich sein sollte. Wenn auch auf das ausfindig machen von Ursachen, die Suche nach Erklärungen für ein Konfliktgeschehen und die Suche nach (vorläufigen) Diagnosen nicht gänzlich verzichtet werden kann, so steht doch im Vordergrund, dass festgefahrene Positionen und Sichtweisen wieder verflüssigt werden und neue Lösungsmöglichkeiten entdeckt, konstruiert, gesehen und wahrgenommen werden.

Festgefahrene Positionen, Neue Lösungsmöglichkeiten

Das oben zitierte Leitmotiv spiegelt sich in den nachfolgend zusammengestellten Sichtweisen, die charakteristisch sind für lösungsorientierte Beratungsansätze (*de Shazer* 1995; s. a. *Bamberger* 1999; *Madelung* 1996; *Walter/Peller* 1996)

Zentrale Sichtweisen lösungsorientierter Beratung

- ❒ Berücksichtigung der Autonomie des jeweiligen „Klienten-Systems".
- ❒ Berücksichtigung der Eigendynamik des „Klienten-Systems" (Zeit, Geschwindigkeit, Schnelligkeit und/oder Langsamkeit von Veränderungen, Instabilitäten, Entwicklungsdynamik, Dosierung).
- ❒ Berücksichtigung der Umwelt, des Kontextes, der Rahmenbedingungen und entsprechender Wechselwirkungen.
- ❒ Ziel ist es einzuladen, anzuregen, Kooperation zu ermöglichen, Randbedingungen günstig zu beeinflussen.
- ❒ Lösungen, die der Klient/die Klientin für sich nicht übernehmen will werden nicht als Bestandteil seines Problems (Widerstand), sondern als nicht passend für seine/ihre jeweilige Situation interpretiert.
- ❒ Es werden primär Lösungen entwickelt und keine Probleme bearbeitet.
- ❒ Lösungen müssen pragmatisch sein und sich nahtlos einpassen in den spezifischen Kontext des Systems.

Fortsetzung – Zentrale Sichtweisen lösungsorientierter Beratung

- ❒ Lösungen zielen auf die Veränderung von „konstruierten" Wirklichkeiten, auf der Wahrnehmungs-, Beschreibungs-, Verhaltens- und Beziehungsebene.
- ❒ Ressourcenorientierung: Der Klient / die Klientin verfügt bereits über Fähigkeiten, Fertigkeiten, Kompetenzen, die er / sie zur Lösung nutzen kann. (Ressourcen sind „nur" aus seinem / ihrem Blickfeld geraten und können im Beratungsgespräch wieder „entdeckt", sichtbar gemacht werden.
- ❒ Veränderungen in kleinen Schritten: Es ist nur wichtig, dass spürbar etwas in Bewegung kommt. Eine Veränderung in einem Teil des Systems kann zu Veränderungen im ganzen System führen.
- ❒ Berater / in und Klient / in müssen beide wissen, woran sie erkennen, dass das Problem gelöst ist.
- ❒ Beratungssuchende werden vor allem dabei unterstützt, ihre Aufmerksamkeit auf mögliche Lösungen hin zu richten (zu fokussieren). Alle dabei auftretenden Gefühle, Gedanken, Verhaltensweisen, Erinnerungen werden als Ressourcen betrachtet, die für die Entwicklung von Zielen und Lösungsschritten genutzt werden können.

Abb. 13: Zentrale Sichtweisen lösungsorientierter Beratung

Wer fragt, der führt

Wer fragt, der führt. Nicht umsonst wird das gekonnte Fragen als eine der wichtigsten Fähigkeiten für Kommunikation und Konfliktlösung angesehen. Fragen und spezifische Fragetechniken sind ein wichtiges Werkzeug der lösungsorientierten Beratung (vgl. *Tomm* 1994).

Zur Bedeutung von Fragen in der Beratung

Fragen regen an

- ❒ zum Nachdenken,
- ❒ zum Explorieren des eigenen Standpunktes,
- ❒ zum Klären von Zusammenhängen und des eigenen Beitrags zur Problemerhaltung,
- ❒ zur Auseinandersetzung mit eigenen und von „außen" herangetragenen Erwartungen,
- ❒ zur Entwicklung neuer Sichtweisen,
- ❒ zur (selbst-) verantwortlichen Wahrnehmung des eigenen Handlungs- und Gestaltungsspielraumes,
- ❒ zur Herausarbeitung von Lösungsschritten.

Abb. 14: Zur Bedeutung von Fragen in der Beratung

Fragetypen

Lineare offene Fragen

❒ „Wie kam es zu dem Vorfall?"

Geschlossene Fragen

❒ „Trauen Sie sich diesen Job zu?"

Bei geschlossenen Fragen sind die Antwortmöglichkeiten begrenzt. Beispiele: „Trauen Sie sich diesen Job zu?" ja / nein – „Rauchen Sie?" ja / nein; oder: „Welchen Schulabschluss besitzen Sie?" Hauptschulabschluss / mittlere Reife / allgemeine Hochschulreife.
Wann sollte der Coach / Fragende eine geschlossene Frage stellen?

Wenn jemand besonders viel und ausschweifend redet, kann man mit einer geschlossenen Frage das Gespräch wieder auf den Punkt bringen. Allgemein ausschweifende Gesprächspartner lassen sich mit kurzen, geschlossenen Zwischenfragen zu kürzeren Antworten bewegen.

Sonderformen der geschlossenen Frage

sind Suggestivfragen, Rhetorische Fragen, Entscheidungsfragen und Alternativfragen.

❒ Suggestivfragen sind – hypothetisch in Frageform gestellte – Vorgaben, die dem Gesprächpartner eine Aussage in den Mund legen. Damit soll der Gesprächspartner manipuliert werden. Sie unterstellen bereits die richtige Antwort. Wenn Sie also gefragt werden „Sie sind doch auch an einer Konfliktlösung interessiert?" wird von Ihnen eine bestimmte Antwort erwartet, denn wer würde an dieser Stelle schon ernsthaft mit „Nein" antworten?

❒ Rhetorische Fragen sind Fragen, bei denen keine Antwort erwartet wird. Sie sind eigentlich Thesen.
   ➢ Wollen wir nicht alle, dass unsere Kollegen miteinander pfleglich umgehen?

❒ Entscheidungsfragen sind in der Regel mit JA oder NEIN zu beantworten und sind insbesondere am Ende von Verhandlungsgesprächen unverzichtbar:
   ➢ „Haben Sie sich bereits entschieden ...?"
   ➢ „Sind Sie mit dem Verfahren einverstanden?"

❒ Mit Alternativfragen geben Sie Ihrem Gesprächspartner die Richtung vor. Er muss sich entweder für das eine oder das andere entscheiden.
   ➢ „Ist Ihnen ein Termin nächste Woche am Dienstag oder Freitag recht ...?"

Sie finden häufig am Ende von Verhandlungsgesprächen Anwendung und sind dort auch unerlässlich.

❒ Die „Ja-Fragen-Straße" ist ein psychologischer Trick, der die Hemmschwelle für ein „Ja" erniedrigt. Der Gesprächspartner stellt mehrere Ja-Fragen, wenn er eine 'heiße' Frage vorzubereiten versucht, bei der er ein Ja erzielen will. Indem der Gesprächspartner häufig Ja gesagt hat, gewöhnt er sich innerlich daran. Macht man das geschickt genug, kann man den Gefragten dazu bringen, tatsächlich Ja zu sagen, wenn er Ja meint und eigentlich ausweichen wollte.
   Bedingung für diese Technik ist, dass der Fragende die Fragen Schlag auf Schlag stellt.
   ➢ Beispiel Ja-Fragen-Straße: Sie sind länger als 3 Jahre im Unternehmen? Ja. Gehen Sie öfters in der Kantine essen? Ja. Kommen Sie gut klar mit Ihren Kollegen? Ja. Würden Sie gerne ein Zusatzprojekt übernehmen? ...

Offene Fragen

sind Fragen, die eine längere und freie Antwort erlauben. Sie begrenzen das Gegenüber nicht, sondern regen dazu an, sich inhaltlich oder persönlich zu beteiligen. Offene Fragen sind dann sinnvoll, wenn Meinungen, Einstellungen, Vorschläge usw. herausgearbeitet werden sollen. Für den Fragenden sind Empathie, Wertschätzung und Fokussieren wichtig.
Am häufigsten benutzt werden die klassischen W-Fragen.
Die offenen W-Fragen beginnen mit: Wie... Was... Warum... Womit ... Wodurch...

Fortsetzung – Fragetypen

Skalierende Fragen
- „Wie zufrieden sind Sie im Moment mit Ihrer Arbeit?"

Sehr zufrieden										Gar nicht zufrieden
10	9	8	7	6	5	4	3	2	1	0

Die skalierenden Fragen liegen zwischen geschlossenen und offenen Fragen. Mit ihnen lässt sich eine genaue Einschätzung oder ein genaues Feedback einholen bzw. geben. An der Stelle von Standardfragen wie „Sind Sie mit Ihrer Arbeit zufrieden?" oder „Wie zufrieden sind Sie denn mit Ihrer Arbeit?" benutzen Sie stattdessen skalierende Fragen und beziehen sich dabei auf ganz konkrete Aufgaben: „Bitte denken Sie doch einmal an Ihre Mitarbeit bei der Neukundenakquisition. Wo verorten Sie sich auf einer Skala von eins bis zehn?" Und nach einem ersten Statement legen Sie nach: „Was können Sie tun, was müssen Sie verändern, um auf der Skala zwei Punkte mehr zu erreichen?" So wird Ihr Gegenüber zu einer genaueren Antwort geführt als „ganz gut" oder „ist schon alles okay so weit".

Konkretisierende Fragen
zählen zu den offenen Fragen. Mit ihnen wird nachgefragt, um eine Situation genauer zu erfassen.
- „Was müssten Sie tun, wenn Sie diese Ideen verwirklichen wollten?"
- „Was bedeutet das für Sie?! Welche Konsequenzen könnte dies für Ihren Kollegen / Ihre Vorgesetzte haben?

Ungewohnte Fragen machen neugierig und / oder nachdenklich
Was müsste ich tun, um Ihnen noch mehr auf die Nerven zu gehen? Eine in der Beratung und im Coaching häufig gebrauchte Form ungewohnter Fragen sind zirkuläre Fragen.
- „Was müssten Sie tun, damit Ihnen die Mitarbeiterin / der Chef noch mehr auf die Nerven geht?"

Hypothetische Fragen legen Spuren zu alternativen Sicht- und Denkweisen
und dienen dazu, alte Muster zu unterbrechen und Spuren zu alternativen Sicht- und Denkweisen zu legen. Sie sind gleichzeitig ein Interventionsinstrument, um die Aufmerksamkeit in eine bestimmte Richtung zu fokussieren. Der Gesprächspartner wird zu Gedankenexperimenten eingeladen, um bestimmte Optionen durchzuspielen und zu erproben.
- „Was würde passieren, falls Sie das tatsächlich schaffen würden?"
- „Was müsste passieren, damit Sie sich dazu entschließen könnten?"
- „Angenommen, dass …".

Metafragen
sind Fragen, mit denen der bisherige Kontext / die Gesprächsebene verlassen wird und auf eine übergeordnete Warte gewechselt wird. Es sind z. B. Fragen über Fragen oder nach dem Prozess.
- „Was läuft hier gerade ab?"
- „Ich habe das Gefühl, dass unser Gespräch im Moment in eine Sackgasse läuft. Wie ist Ihr Empfinden? Wie sehen Sie das?"

Quelle: Beck / Birkle 2005

Abb. 15: Fragetypen

2.3.3 Leitlinien für die Gestaltung des Konfliktbearbeitungsprozesses

Die sich aus den soeben in knapper Form skizzierten Handlungskonzepten ergebenden zentralen Botschaften lassen sich in vier Leitlinien zusammenfassen:

2.3.3.1 Orientierung an den Interessen der Konfliktparteien

Interessensorientierung

Die Interessensorientierung spielt – wie zuvor angesprochen – vor allem im Harvard-Konzept eine zentrale Rolle. Hier geht es insbesondere darum, die hinter den Positionen der Konfliktparteien stehenden Interessen herauszuarbeiten, sichtbar zu machen und sie für die Entwicklung einer konstruktiven Konfliktlösung (win-win-Situation) zu nutzen (vgl. *Fisher/Ury/Patton* 2002).

win-win-Situation

Interessen sind kontextabhängig

Interessen der Menschen sind kontextabhängig und können sich je nach Situation und Position verändern. In der Arbeitsbeziehung zu den Kollegen/innen können andere Interessen/Ziele verfolgt werden als im Team und dort wiederum andere als mit Blick auf die Vorgesetzten oder das ganze Unternehmen. Interessen stehen häufig in wechselseitiger Konkurrenz, sie aufeinander abzustimmen ist nicht einfach sondern es bedarf einer – oft wiederholten – Anstrengung.

Interessen sind stark emotional verankert

Interessen sind in der Regel stark emotional verankert. Daher sind bei den meisten Interessenkonflikten auch Gefühle/Emotionen angesprochen. Je stärker die Emotionen desto größer auch das Konfliktpotenzial. Nicht zur Kenntnis genommene, nicht wertgeschätzte, verletzte, unberücksichtigte Interessen heizen ihrerseits die Emotionen an. Schnell gerät man/frau auf diese Weise in einen verhängnisvollen Teufelskreis. Es kommt zu einer Eskalation. Daher ist es empfehlenswert, in Gesprächen und Verhandlungen den Gefühlen der Beteiligten „kontrolliert" Ausdrucksmöglichkeiten zu verschaffen. Ärger darf geäußert werden, Empörung, Verletzungen, Enttäuschungen werden sichtbar, Entschuldigungen ermöglicht, Feindseligkeiten können abgebaut werden. Kopf und Herz können wieder freier werden für notwendige Gespräche und die Suche nach Lösungsalternativen.

Ausdrucksmöglichkeiten verschaffen

2.3.3.2 Lösungsorientierung

Das traditionelle wie auch das in unserem Alltag weit verbreitete Vorgehen in Konfliktsituationen lässt sich häufig leiten von den Fragen: „Wo liegen die Ursachen des Konfliktes? Wer ist „schuld?" Ist die Analyse geleitet von der Idee heraus zu bekommen, wer der oder die „Schuldige" ist, wird sie eher zu einer Konfliktverhärtung beitragen und „problemhypnotische" bzw. „problemfixierende" Wirkungen entfalten (vgl. oben Ziff. 1.6.1; siehe auch *Beck/Schwarz* 2006).

Diese Perspektive kann folgendermaßen verdeutlicht werden.

- Verhaltensweisen Einzelner sind meist, wenn auch nicht ausschließlich, durch die Verhaltensweisen der anderen (mit-) bedingt und bedingen diese gleichzeitig.
- Jedes Verhalten kann man sowohl unter dem Aspekt seiner Ursachen als auch unter dem seiner Wirkungen sehen, wobei diese Wirkungen wiederum zu den Ursachen für neues Verhalten werden usw.
- Entsprechend stellt ein Problem immer das Ergebnis des Zusammenwirkens vieler Beteiligter und des Zusammentreffens verschiedenster Umstände dar, auch wenn nur eine einzelne Person als definierter Problem-Träger in Erscheinung tritt. (*Bamberger*, 1999).

Ziel- und Lösungsorientierung

Der Ziel- und Lösungsorientierung wird – wie oben bereits angesprochen – insbesondere in systemischen Beratungskonzepten ein zentrales Gewicht beigemessen. In der Regel dient es dem konstruktiven Vorankommen mehr, wenn die Aufmerksamkeit der Konfliktbeteiligten bei der Untersuchung der Konfliktsituation nicht nur auf den Problemkontext ausgerichtet ist, sondern möglichst von Anfang an auch auf die positiven Lösungserfahrungen.

Merke!

- Richten Sie die Aufmerksamkeit der Beteiligten bereits bei der Untersuchung des Konfliktsystems nicht nur auf den Problemkontext und mögliche Konfliktursachen, sondern möglichst von Anfang an auch auf positive Lösungserfahrungen und Lösungsvorstellungen.
- Lassen Sie die Beteiligten, bevor diese das Problem immer wieder in allen Details schildern, beschreiben, worin sie die Lösung des Konfliktes sehen / vermuten.
- Bitten Sie die Konfliktparteien, noch bevor diese den Konflikt ausführlich schildern, zu beschreiben welche Zielvorstellungen sie für ihre Konfliktschilderung entwickeln würden.
- Achten Sie darauf, ob auf gemeinsame Zielvorstellungen / Aufgaben zurückgegriffen werden kann: z. B. Ziele einer Organisation, Ziele einer Abteilung, eines Teams, eines Projektes? Sind solche bekannt / nicht bekannt? Werden sie akzeptiert / nicht akzeptiert?
- Verdeutlichen bzw. entwickeln Sie parteiübergreifende Ziele.
- Achten Sie darauf, dass die Ziele konkret formuliert werden, von allen Beteiligten verstanden werden, realistisch, erreichbar und überprüfbar sind.
- Lassen Sie konkrete Lösungsschritte herausarbeiten: Wer muss wann, was, wie tun / anders tun als bisher, um dem Ziel einen Schritt näher zu kommen?

2.3.3.3 Ressourcenorientierung

Wichtig ist es bei der Konfliktbearbeitung, die Aufmerksamkeit auf vorhandene oder noch zu ergänzende Ressourcen für die Konfliktlösung zu richten. Für die das Konflikt-Coaching wie auch für eine Verhandlungsführung bzw. Konfliktmoderation bedeutet dies, dass ausgehend von den Zielvorstellungen der Beteiligten, die Aufmerksamkeit auf deren eigene Gestaltungsmöglichkeiten gerichtet wird und den realistischen Handlungsspielraum, den sie haben. Dadurch wird den Konfliktbetroffenen bzw. den Streitparteien auch mehr Eigenverantwortung für die Konfliktlösung nahe gelegt. Es geht hierbei um die Fokussierung und Elaboration des eigenen, von anderen beteiligten Personen unabhängigen Handlungsspielraumes, der in Konfliktsituationen oft nicht mehr wahrgenommen wird.

Mehr Eigenverantwortung für die Konfliktlösung

Indem die Aufmerksamkeit auf die den Konfliktbetroffenen zur Verfügung stehenden eigenen Gestaltungsmöglichkeiten gerichtet wird, werden diese gewissermaßen wieder „ermächtigt" zu sehen, was sie selbst tun können. Das gibt Ihnen die Chance, aus einer einseitigen, meist unguten Opfer-Täter-Haltung herauszukommen.

Merke!

- ❒ Lassen Sie die Konfliktbetroffenen Vorstellungen entwickeln, worin ihr eigener Beitrag zur effektiveren Konfliktlösung liegen könnte.
- ❒ Arbeiten Sie konkret mit ihnen heraus, was sie selbst tun können, welche konkreten Schritte sie selbst initiieren können, um einer Lösung näher zu kommen.
- ❒ Unterstützen Sie, wo immer möglich, diese „autonomen Gestaltungsmöglichkeiten".
- ❒ Überprüfen Sie, ob die für die Konfliktlösung notwendigen Ressourcen (Kenntnis, Fähigkeiten, vertragliche Regelungen und Vereinbarungen auf die zurückgegriffen werden kann, soziale Unterstützung und AnsprechpartnerInnen ...) vorhanden sind, aber nicht gesehen werden. Rücken Sie diese in das Blickfeld!
- ❒ Überprüfen Sie, ob die für die Konfliktlösung notwendigen Ressourcen zwar wahrgenommen, aber nicht genutzt werden. Klären Sie Motivationen und Hindernisse ab!
- ❒ Überprüfen Sie, ob persönliche Ressourcen angereichert, weiterentwickelt werden sollen: Unterstützen Sie die Verbesserung/Optimierung erforderlicher Kenntnisse und Fähigkeiten.

2.3.3.4 Prozessorientierung

Die Prozessorientierung ist charakteristisch für systemische Beratungsansätze. Sie ist u. a. begründet in der Grundauffassung, die in systemischen Theorien über die Abläufe und das Verhalten komplexer Systeme entwickelt wurde (Näheres hierzu vgl. *Beck/Schwarz* 2006).

Komplexe nicht-triviale Systeme

Die Entwicklung konstruktiver und effektiverer Konfliktlösungen unterliegt keiner zwangsläufigen, linearen Mechanik. Psychische Systeme und soziale Systeme, wie z. B. auch „Organisationen" werden im Unterschied zu „einfachen" Systemen als „komplexe" Systeme (nicht-triviale Systeme) betrachtet. Das heißt, dass aufgrund immanenter Beschränkungen der Verknüpfungskapazität der Elemente, nicht jedes Element zu jeder Zeit mit anderen verknüpft sein kann (vgl. *Luhmann* 1994).

Information ist nie vollständig oder statisch

Daraus folgt auf der Ebene von Beobachtungen: Komplexe Systeme wie Organisationen bzw. Konfliktsysteme in Organisationen, in die in der Regel persönliche, strukturelle und organisationskulturelle Anteile eingehen, können weder von Innen, durch die Organisationsmitglieder, noch durch Beobachter/innen von Außen vollständig beschrieben werden. Sie können nur selektiv erfasst werden. Konkret heißt dies: Selbst wenn über ein Konfliktsystem (Konfliktbeteiligte, Organisation und organisatorische Rahmenbedingungen, bisherige Konfliktstrategien usw.) eine Menge von Information vorliegt, ist diese nie als vollständig oder statisch zu betrachten. Die Einschätzung einer Konfliktsituation bzw. die Konfliktdiagnose ist daher stets als „vorläufig" anzusehen. D. h., diese kann bestenfalls den Charakter einer abgesicherten Vermutung (Hypothese) haben. Zweckmäßiger ist es daher von „Hypothesenbildung" zu sprechen.

Hypothesenbildung

Die Hypothesenbildung muss sich stützen auf die verschiedenen und meist unterschiedlichen Beobachtungs- und Beschreibungsperspektiven: von Seiten der Konfliktbetroffenen und zwar auch als Organisationsmitglieder in ihren unterschiedlichen Positionen, mit ihren unterschiedlichen Funktionen, der Teams, der (internen/externen) Berater/-innen, sonstige Informationsquellen (Dokumente, Kennziffern … sofern relevant). Davon ausgehend können erste und auch jeweils weitere Schritte geplant, initiiert, hinsichtlich ihrer Ziel führenden Wirkung geprüft und gegebenenfalls alternative Schritte entwickelt und verfolgt werden.

Abschied von einer „Machbarkeits-ideologie

Diese Betrachtungsweise bedeutet Abschied von einer „Machbarkeitsideologie", von der Vorstellung, dass Veränderungsziele, Konfliktlösungen durch direkt steuernde Interventionen von Seiten einzelner Konfliktbeteiligter, durch Führungs-/Leitungskräfte oder durch Berater/innen erreicht werden können. Interventionen, die auf Veränderungen zielen, können immer nur hypothetisch ins relative „System-Dunkel" erfolgen und müssen aufgrund ihrer – auch nur begrenzt erfassbaren – Folgen für das System in jeder Phase eines Konfliktbearbeitungsprozesses Schritt für Schritt überprüft und falls erforderlich, modifiziert werden.

Systemische Vorgehensmethodik

Wie in der nachfolgenden Abbildung dargestellt umfasst dementsprechend die systemische Vorgehensmethodik in jedem Schritt folgende Teilaufgaben:

- recherchieren, beobachten, klären und (davon ausgehend)
- Hypothesen entwickeln und (von diesen ausgehend)
- den nächsten Schritt, die weitere Vorgehensweise / Intervention planen und umsetzen …
- bis eine zufrieden stellende Lösung gefunden ist.

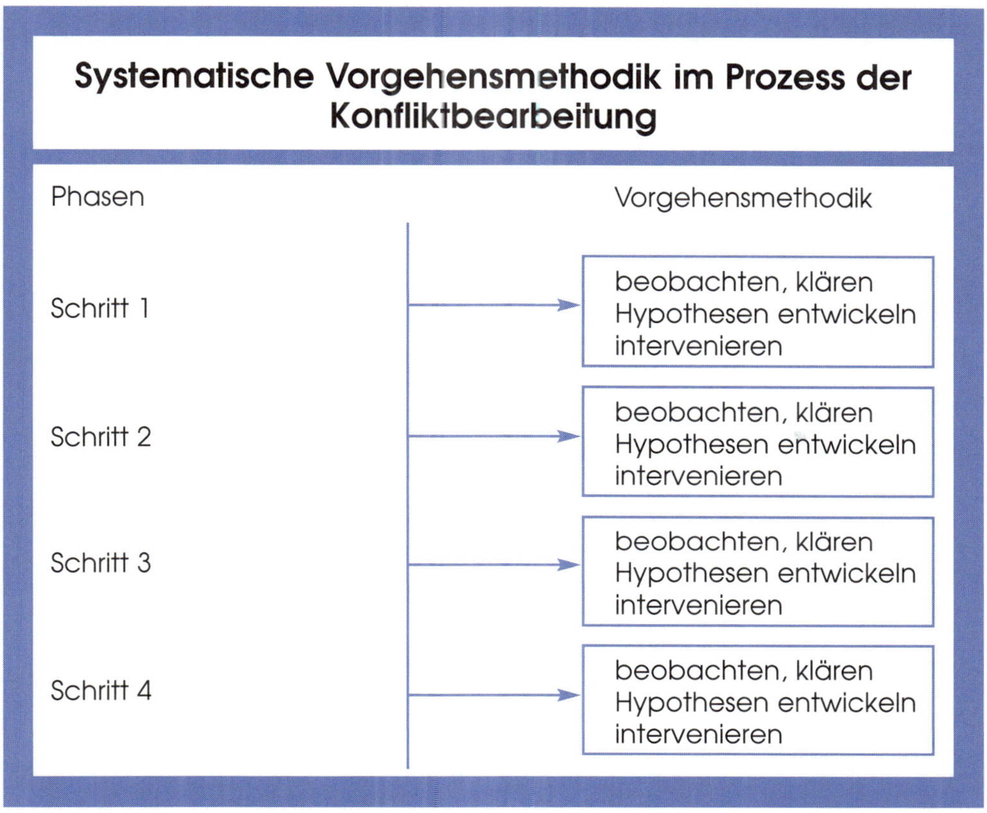

Abb. 16: Systemische Vorgehensmethodik im Prozess der Konfliktbearbeitung

Auf der Grundlage von klärenden Gesprächen und Interventionen sammelt die Konfliktberaterin / der Konfliktmoderator Beobachtungen, kommt zu einer Einschätzung der Situation, der Dynamiken und Zusammenhänge, entwickelt entsprechende Hypothesen (Vorstellungen / Annahmen über die Wirklichkeitszusammenhänge), initiiert aufgrund dieser Annahmen die Entwicklung von Lösungsschritten und gestaltet und initiiert Interventionen. Die Wirkungen dieser Interventionen werden beobachtet und daraufhin geprüft, ob sie Ziel führend sind. Erneut können Hypothesen gebildet und weitere, gegebenenfalls alternative Lösungsschritte entwickelt und initiiert werden.

Im nächsten Kapitel befassen wir uns nun mit dem Ablauf einer Konfliktbearbeitung und den Aufgaben, die in den dabei zu unterscheidenden Phasen wahrzunehmen sind.

3. Ablaufstruktur einer Konfliktbearbeitung und „to do's"

„Meine Antwort auf ‚das geht nicht' lautet:
‚Und mit wem muß ich verhandeln, damit es geht?' "
Peter Hohl

Ausgehend von unterscheidbaren Phasen einer Konfliktbearbeitung und zugeordneten Aufgaben wird im dritten Kapitel ein Orientierungsrahmen vorgestellt, den Sie für Ihr eigenes Vorgehen in Konfliktfällen nutzen können. Bei jeder Aufgabe sind die wichtigsten Vorgehensweisen und Materialien zusammengestellt.

3.1 Ablauf einer Konfliktbearbeitung

Phasenmodelle
Prozess-Logik

Ungeachtet unterschiedlicher Phasenmodelle und Vorgehensweisen bei der Konfliktklärung und -bearbeitung gibt es eine Prozess-Logik die gleich bleibt, unabhängig davon,

- ❐ wer die Beteiligten jeweils sind,
- ❐ wie viele Konfliktbeteiligte es gibt, welche Positionen und Funktionen diese inne haben,
- ❐ wer bzw. wie viele Personen die Konfliktberatung/-moderation übernehmen (einzelne BeraterInnen, MediatorInnen oder ein BeraterInnen-Team) und
- ❐ welche Verfahren und Methoden konkret zu Einsatz kommen.

Ein Überblick über die Ablaufstruktur eines Konfliktbearbeitungsprozesses.

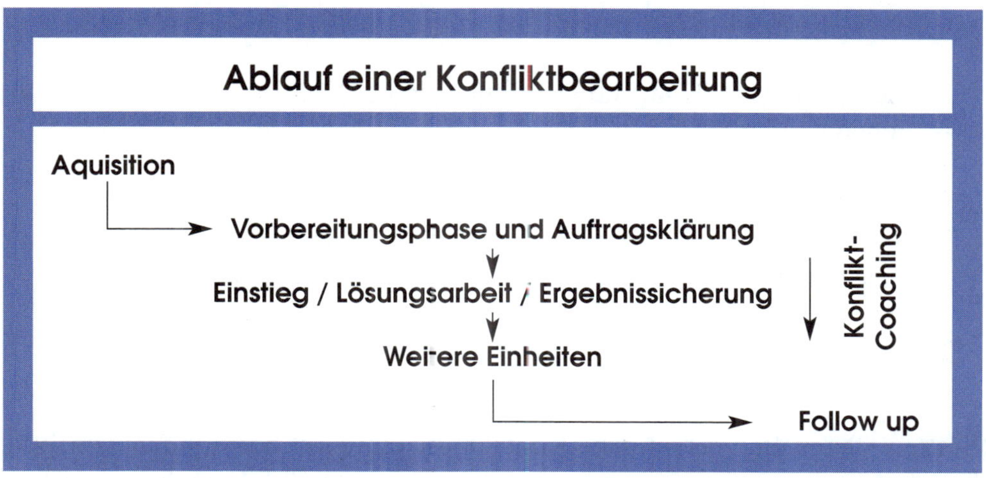

Abb. 17: Ablauf einer Konfliktbearbeitung (Quelle: Beck/Birkle 2005)

Die Konfliktbearbeitung kann sich auf die Vorbereitung und Gestaltung eines einzelnen Treffens (ein Konfliktgespräch, eine Konfliktverhandlung, ein Workshop ...) konzentrieren oder mehrere Treffen und einen dementsprechend unterschiedlich langen Zeitraum umfassen.

Orientierungsrahmen

Die nachfolgend dargestellten Prozessabschnitte mit den zugeordneten Aufaben sind daher eher als Orientierungsrahmen zu sehen, der je nach Reichweite und Komplexität des Konfliktes

- ❒ selektiv oder auch
- ❒ systematisch umfassender

genutzt werden kann.

3.2 Vorbereitung und Auftragsklärung

Fünf Aufgaben

In der Vorbereitungsphase einer Konfliktbearbeitung stehen fünf Aufgaben im Vordergrund, die Ihrer besonderen Aufmerksamkeit bedürfen:

(1) Nehmen Sie Kontakt zu relevanten Beteiligten auf.
(2) Verschaffen Sie sich ein differenzierteres Bild von der Ausgangssituation.
(3) Entdecken und explorieren Sie Auftragsmuster und Auftragsdynamik.
(4) Klären Sie Ihre eigene Rolle, Haltung und Kompetenzen mit Blick auf Auftraggeber, Auftragsdynamik und Konfliktthema.
(5) Erstellen Sie aufgrund Ihrer Einschätzung der Ausgangssituation und vorläufigen Konfliktdiagnose einen Plan, wie Sie vorgehen möchten.

(1) Nehmen Sie Kontakt mit relevanten Beteiligten auf!

Für Sie als Prozessverantwortliche/r kommt es in der Vorbereitungsphase vor allem darauf an,

- ❒ die Sicht der Konfliktbetroffenen bzw. Konfliktparteien (näher) kennen zu lernen,
- ❒ deren Bereitschaft zur Kooperation und Mitarbeit zu klären,
- ❒ Ihr Vorgehen transparent zu machen,
- ❒ Ihr eigenes Rollenverständnis offen zu legen, d.h. zu klären, in welchen Rollen Sie sich als Konflikt-Coach, -moderatorIn bzw. VerhandlungsführerIn sehen und vor allem auch nicht sehen,
- ❒ von den Beteiligten in der vorgesehenen Rolle akzeptiert zu werden.

Persönliche Kontaktaufnahme

Sollte anfangs eine persönliche Kontaktaufnahme mit bestimmten Konfliktbeteiligten nicht möglich sein, so kann dies auch per Telefon oder schriftlich geschehen.

Der schon zitierte Konfliktforscher *Glasl* weist vor allem mit Blick auf soziale Konflikte darauf hin, dass es insbesondere zu Beginn der Konfliktbehandlung wichtig ist, „dass die Arbeit am Konflikt nicht mit der Taktik der Kontaktverweigerung vereitelt wird" (*Glasl* 1990: 413). Eine einseitige Kontaktweigerung kann „ein eminentes Machtmittel sein, mit welchem die Beziehungen zwischen den Konfliktparteien einseitig und asymmetrisch werden. In der Art der Kontaktnahme zur Drittpartei offenbart sich dies möglicherweise" (ebd.).

Taktik der Kontaktverweigerung

(2) Verschaffen Sie sich ein differenziertes Bild von der Ausgangssituation

Die Initiative für eine Konfliktbearbeitung kann von ganz unterschiedlichen Seiten ausgehen:

Initiative geht aus von …

- ❒ von der Führungsspitze oder Leitungskräften,
- ❒ von einer Person bzw. einer Gruppe in der Organisation, die am stärksten von den aktuellen Ereignissen betroffen ist,
- ❒ von einer Stabsstelle für Personal- und Organisationsfragen, die konfliktbehaftete Entwicklungen in einem Team, in einer Abteilung mit wachem Auge verfolgt.

Oftmals wird die Initiative für einen Prozess der Konfliktbearbeitung dann gestartet, wenn einige der am Konflikt beteiligten Personen, Gruppen oder auch einflussreiche „Beobachter", z. B. Vorgesetzte, sich des Konfliktes und der bereits eingetretenen oder auch erwarteten Konsequenzen für einzelne Betroffene, die Qualität der Arbeit, den Ruf der Abteilung, der Organisation, des Unternehmens u. a. bewusst werden.

In der Ausgangssituation einer Konfliktregulation kommt es vor allem darauf an,

Ausgangssituation einer Konfliktregulation

- ❒ den Konfliktgegenstand, die Konfliktthemen und die Konfliktsymptome herauszufinden;
- ❒ zu klären wer die Konfliktbetroffenen bzw. die Konfliktparteien sind und welche Erwartungen im Hinblick auf eine Konfliktlösung diese haben;
- ❒ zu explorieren, welche Bewältigungsstrategien und Lösungsversuche bisher ausprobiert wurden und welche Folgen dies hatte;
- ❒ zu klären, ob Konfliktbetroffene bzw. Konfliktparteien (einzelne Personen, Teams, Vertreter von Unternehmen/Einrichtungen u. a.) selbst weitere, gezielte Lösungsanstrengungen unternehmen wollen oder sollen (per „Druck", „Verordnung" durch den Vorgesetzen);
- ❒ zu klären, welche Erwartungen und Aufträge an eine „neutrale Drittpartei" herangetragen werden.

Bei der systematischen Sondierung und Vorabklärung der Ausgangssituation können Sie sich an folgender Checkliste orientieren (vgl. *Glasl* 2004; *Ury/Brett/Goldberg* 1991; weitere Checklisten zur Konfliktanalyse in *Beck/Schwarz* 2006)

Checkliste
CL

Systematische Konfliktanalyse

Konfliktbetroffene – Konfliktparteien?

- ❒ Sind es einzelne Personen, Mitglieder einer Gruppe bzw. eines Teams?
- ❒ Liegen zwei Teams / Abteilungen miteinander im Konflikt?
- ❒ Geht es um den Konflikt zwischen einem Unternehmen / einem Verein ... und einer anderen Organisation (z. B. Behörde?)
- ❒ Gibt es Personen, die im Konfliktgeschehen eine zentrale Rolle einnehmen (Schlüsselpersonen)? Welche Personen stehen eher am Rande?
- ❒ Wie ist das Verhältnis innerhalb und zwischen den Konfliktparteien?
- ❒ Ist die Zugehörigkeit der Konfliktparteien eindeutig oder gibt es Überlappungen?
- ❒ Werden Personen bedroht, die sich nicht ausschließlich zu einer Gruppe bekennen?
- ❒ Wie verhält man sich gegenüber indifferenten Personen? Wird Druck ausgeübt? Von wem, auf wen, in welchen Situationen? Was für Auswirkungen hat das für die Betroffenen, welche auf die anderen?

Konfliktthemen?

- ❒ Was sind die zentralen Konfliktthemen, Konfliktinhalte? Wer definiert was als Konflikt?
- ❒ Wo liegen die Übereinstimmungen / Abweichungen? Wer stimmt mit wem / was überein? Wer weicht ab?
- ❒ Welche Aspekte / Inhalte haben für welche Personen / Parteien starke / weniger starke / keine Bedeutung? Wie stark sind die Personen / Parteien mit den Thema identifiziert?
- ❒ Wer sieht Alternativen bzw. lässt welche zu / wer nicht?
- ❒ Wie weit kennen die Beteiligten die Konfliktthemen der Gegenseite?
- ❒ Wo sehen die Beteiligten die Ursachen für den Konflikt? Gibt es unterschiedliche Sichtweisen, Überschneidungen?
- ❒ Welche Schlussfolgerungen ziehen die Beteiligten aus ihrer Sicht der Ursachen?
- ❒ Welche Veränderungsschritte halten Sie für notwendig, welche für überflüssig oder gar konfliktsteigernd?
- ❒ Welche Erwartungen haben die Parteien aneinander, gegebenenfalls an eine Drittpartei?

Konflikthäufigkeit?

- ❒ Wie häufig kommt es zu welchen Konfliktfällen: in welchen Situationen, zu welchen Zeiten, bei welchen Personen / Beteiligten, zu welchen Themen?
- ❒ Gibt es Zeiten, Umstände, in denen die Anzahl der Konflikte eher gering / eher hoch ist? Welche Erklärungen geben die Beteiligten hierfür?

Fortsetzung – Systematische Konfliktanalyse

Wirkungen und „Kosten" bisheriger Konfliktstrategien?

- ❒ Welche Bedrohungen / Einbußen / Verluste / Beeinträchtigungen (z. B. vergeudete Zeit, wirtschaftliche / materielle Verluste, nervliche Belastungen, verpasste Chancen, Prestigeverlust, verlorene Anerkennung sind mit welchen auf die Konfliktbewältigung bezogenen Verhaltensweisen / Verfahren / Strategien verbunden?
- ❒ Wer ist am meisten / am wenigsten davon betroffen?
- ❒ Wer profitiert wie davon? Wer hat dadurch eher etwas zu verlieren?
- ❒ Wie zufrieden / unzufrieden sind die Konfliktbetroffenen mit den auf diese Weise erzielten Ergebnissen / Wirkungen / Nebenwirkungen?
- ❒ Welche Konfliktpartei ist aus welchen Gründen zufriedener / unzufriedener?
- ❒ Welche Auswirkungen haben praktizierte Verfahren der Konfliktlösung auf die Beziehungen zur Gegenpartei?
- ❒ auf andere Beziehungen und Bereiche / Subsysteme (Personen, Gruppen, Abteilungen) in der Organisation?
- ❒ Auf Beziehungen zu KlientInnen (AdressatInnen, NutzerInnen, Zielgruppen), Finanzgeber / Kostenträger, externe KooperationspartnerInnen, Öffentlichkeit …?
- ❒ Bei wem, wo sind die Auswirkungen am größten / am geringsten?
- ❒ Wie häufig flammen dieselben Konflikte wieder neu auf, wenn sie auf die geschilderte Weise angegangen werden?
- ❒ Welche der beschriebenen Strategien / Verhaltensweisen / Verfahren sind mit höheren, welche mit geringeren Kosten verbunden?
- ❒ Welche Strategien / Verhaltensweisen / Verfahren führen eher zu einer Kostenerhöhung, welche eher zu einer Kostensenkung?

Bisherige Lösungsversuche?

- ❒ Welche Lösungsversuche gab es bisher schon, mit welchen Auswirkungen für wen?
- ❒ Wer hat solche Lösungsversuche initiiert, wer mitgetragen, wer blockiert, wer hielt sich heraus?
- ❒ Waren solche Lösungsversuche zieldienlich? Führten sie eher zur Eskalation, Stagnation?
- ❒ Welche Strategien werden von welchen Personen / Gruppen in welchen Konfliktsituationen, mit welchen Konsequenzen eingesetzt?
- ❒ Gibt es von Seiten des Teams / der Organisation institutionalisierte Verfahren der Konfliktbewältigung? Wenn ja, wie verbindlich sind diese? Wer greift wann darauf zurück?
- ❒ Gab es in der Vergangenheit schon mal Strategien, die positiv lösungsfördernd waren? Wenn ja, warum wurden sie nicht weiterverfolgt? Welche Bewertungen gab es für sie?
- ❒ Welche Erklärungen haben die Beteiligten für den Abbruch bzw. das Scheitern?
- ❒ Wie reagierten die Beteiligten auf Abbruch / Scheitern?
- ❒ Welche Schlussfolgerungen wurden aus den bisherigen Lösungsversuchen gezogen, wenn sie eher Problem stabilisierend waren, konflikteskalierend, welche wenn sie eher lösungsfördernd waren, aber doch nicht konsequent verfolgt wurden?
- ❒ Welche Auswirkungen hätte es auf einzelne Personen / die Beziehungen / das Team / die Organisation, wenn lösungsförderliche Schritte konsequent gegangen werden würden?

Abb. 18 CL: Systematische Konfliktanalyse

Weitere Anregungen zur Klärung der Ausgangssituation können Sie der Ziff. 1 nachfolgender Anleitung „Lösungsorientiert fragen" sowie der Anleitung „Zirkuläre Fragen" entnehmen (vgl. hierzu *Bamberger; DeShazer* 1995; *Tomm* 1994; *Müller* 2003. vgl. auch oben → (Abb. 15 Fragetypen).

Anleitung
AL

Lösungsorientiert fragen

Den Ausgangskontext der Beratung / Konfliktverhandlung klären.

- ❐ Wie kamen Sie auf die Idee eine Beratung / ein Coaching für sich / für das Team … in Anspruch zu nehmen?
- ❐ Welche anderen Versuche der Konfliktlösung haben Sie / hat wer bisher schon unternommen?
- ❐ Was denken Sie würden sich andere Personen (KollegInnen, externe Kooperationspartner, KundInnen …) denken, wenn diese wüssten, dass Sie Beratung für sich / für Ihr Team / für die Organisation … in Anspruch nehmen?
- ❐ Welche Erwartungen / Befürchtungen vermuten Sie haben andere wichtige Schlüsselpersonen (in den Konflikt involvierte, weniger vom Konflikt tangierte Personen …) in Bezug auf mögliche Ergebnisse der Beratung / der Konfliktverhandlung?

Fragen zur Herausarbeitung und Klärung von Zielen beim angeordneten Coaching

- ❐ Wer hatte die Idee für Sie / für das Team ein Coaching anzusetzen?
- ❐ Was vermuten Sie, hat A (z. B. ein Vorgesetzter) veranlasst, Sie zur Beratung zu schicken? Worin sieht A Gründe für den Konflikt / das Problem?
- ❐ Was oder wer sollte sich ändern, damit A wieder zufrieden ist bzw. zufrieden gestellt wird?
- ❐ Was würde A Ihnen / dem Team / bestimmten Mitgliedern des Teams empfehlen, anders zu machen?
- ❐ Waren Sie / das Team / bestimmte Mitglieder des Teams schon mal in der Lage das, was A sich vorstellt, anders zu machen? Wann und in welcher Situation war dies der Fall?
- ❐ Was war zu diesem Zeitpunkt / in dieser Situation / bei Ihnen anders als es heute ist – und zwar aus Ihrer Sicht / aus Sicht einzelner Teammitglieder / aus Sicht von A?

Den Problem- / Konfliktkontext klären.

- ❐ Wer tut was, wann, wo, wem gegenüber?
- ❐ Welche Lösungsversuche haben Sie / hat wer bereits unternommen? Wie hat sich das für wen (Sie / das Team / andere relevante Personen / Gruppen) ausgewirkt? Wer hat davon profitiert / nicht profitiert? Wem hat es eher geschadet? Erfragen Sie Interaktionszyklen (siehe → Abb. 20 AL: Zirkuläre Fragen)
- ❐ Erfragen Sie Änderungen über die Zeit: Wendepunkte, Eskalationen, Deeskalationen. Wer oder was kann dies wie beeinflussen?
- ❐ Angenommen Sie / das Team … hätte den Konflikt nicht, was wäre anders als es jetzt ist? Welche Erklärungen hat wer dafür?

Auftragsklärung / Zielbestimmung

- ❐ Angenommen, diese Beratung / diese Sitzung / dieser Workshop … ist zu Ende und sie / er war für Sie hilfreich, woran merken Sie das? Woran merken das andere Personen?
- ❐ Was würden Sie anders machen als heute? Wer würde was anders machen als heute?
- ❐ Was wäre für Sie / für einzelne Teammitglieder / für das Team … ein gutes Ergebnis der Beratung? Woran würden Sie das merken? Wer würde es noch merken?
- ❐ Was könnte mein Beitrag dazu sein, dass die Beratung / die Konfliktverhandlung für Sie / das Team zu einem Erfolg wird? Was könnte mein Beitrag dazu sein das die Beratung / die Konfliktverhandlung für Sie / das Team … ein Fehlschlag wird?

Fortsetzung – Lösungsorientiert Fragen

Lösungsmöglichkeiten / Lösungsschritte erfragen und herausarbeiten.

Hypothetische Lösungen erfragen
Die Standardfrage hierzu ist die sog. „Wunderfrage" von *Steve De Shazer:*

- ❒ Stellen Sie sich vor, es wäre Nacht und Sie schlafen, und es passiert ein Wunder, und der Konflikt / das Problem wäre gelöst … Woran würden Sie das erkennen? Was würde anders sein? Wer würde es noch merken?
- ❒ Woran würde Ihr Vorgesetzter, Ihre Kollegin, Ihr Mitarbeiter …es erkennen, ohne dass Sie mit Ihm / Ihr darüber sprechen?
- ❒ Wer wäre erleichtert / froh darüber? Wem würde dies nicht passen? Wem wäre dies egal? Wen ließe es kalt?
- ❒ Bitte überlegen Sie, ob es bereits jetzt / oder in der Vergangenheit solche Zeiten / Situationen gibt, wo das (hypothetische Lösung) schon jetzt ein klein wenig geschieht. Bitte beschreiben Sie diese …

Fragen nach Ausnahmen / Ausnahmesituationen

- ❒ Fragen nach Ausnahmen sollen die Beteiligten einladen, auf die andere Seite der Unterscheidung zwischen Problemzeit / Situationen in denen der Konflikt auftritt und Zeiten / Situationen in denen das Problem / der Konflikt nicht auftritt zu schauen.
- ❒ Im Anschluss an eine Zielaussage könnten Sie z. B. fragen: Wann machen Sie bereits etwas von dem, was Sie wollen?
- ❒ Im Anschluss an die Schilderung der Konfliktsituation kann gefragt werden: Wann tritt der Konflikt nicht auf?
- ❒ Anschließend können kontextuelle Unterschiede heraus gearbeitet werden: Was konkret ist anders in solchen Zeiten / Situationen?
- ❒ Stellen Sie dann einen Bezug her zwischen den Ausnahmen und dem Ziel der Beratung.

Ergebnissicherung
Lassen Sie neue Sichtweisen und Aspekte, die sich im Beratungsablauf ergeben haben herausarbeiten / festhalten. Was waren für Sie neue Aspekte, die sich im Verlaufe unseres heutigen Treffens ergeben haben?

- ❒ Welche davon waren für Sie besonders wichtig?
- ❒ Welches könnte nun der nächste Schritt für Sie sein?

Konkretisieren und kontextualisieren Sie mit dem Coachee / den Konfliktparteien den erarbeiteten Lösungsschritt und treffen Sie entsprechende Vereinbarungen:

- ❒ Wer will / soll …
- ❒ Was …
- ❒ Wie …
- ❒ mit wem / wessen Unterstützung mit
- ❒ Welchen Ressourcen bis
- ❒ Wann

tun?

Abb. 19 AL: Lösungsorientiert fragen

Anleitung
AL

Zirkuläre Fragen

Was ist zu beachten?

- ❒ Richten Sie Ihre Frage immer an eine ganz bestimmte Person (nicht „in den Raum").
- ❒ Drücken Sie aus, dass Sie an der subjektiven Sicht (individuelle Wahrnehmung, Auffassung, Standpunkt, Einschätzung) interessiert sind.
- ❒ Stellen Sie Ihre Frage stets mit Blick auf eine bestimmte Person, eine Situation, einen Zeitpunkt.
- ❒ Fragen Sie, was sie / er denkt, was / wie eine andere Person – sagen würde / wird, wenn ... – denkt, fühlt, wenn ... – handeln / reagieren wird / würde, wenn ...
- ❒ Bemühen Sie sich darum, unterschiedliche Sichtweisen herauszuarbeiten, ohne sie zu bewerten und bewerten zu lassen.

Beispiele

- ❒ *Fragen über Vorstellungen:* Was denken Sie über Herrn Brausewind? Was denken Sie, dass Herr Brausewind über Sie denkt? Was denken Sie, was Herr Brausewind denkt, was Sie über ihn denken?
- ❒ *Fragen über Handlungen:* Was denken Sie, werden Sie tun, wenn Frau Sturzflug sich wieder so verhält?
- ❒ *Hypothetische Fragen:* Angenommen Ihr Kollege würde ..., was würden Sie denken / fühlen, wie würden Sie reagieren?
- ❒ Fragen über Beziehungskonstellationen: Was denken Sie, wer in Ihrem Team am meisten / am wenigsten enttäuscht / erfreut war, als die Entscheidung über ... zurückgenommen wurde?
- ❒ *Auflösen von Eigenschaften:* Woran zeigt sich für Sie, dass Sie autoritär sind? In welchen Situationen sind Sie mehr / weniger / gar nicht autoritär? Welche anderen Beschreibungen und Erklärungen gibt es für dieses Verhalten?

Abb. 20 AL: Zirkuläre Fragen

(3) Entdecken und explorieren Sie Auftragsmuster und Auftragsdynamik

Das lösungsorientierte Beratungsmodell nach *Steve de Shazer, Insoo K. Berg,* u. a. unterscheidet drei verschiedene Typen von KlientInnen:

- ❒ Der Kunde
- ❒ Der Besucher
- ❒ Der sich Beklagende

Beziehungsmuster

Hierbei geht es nicht um eine Charakterisierung der Persönlichkeit eines Klienten oder eines Auftraggebers. Diese Typen beschreiben vielmehr ein Beziehungsmuster zwischen KlientInnen bzw. Beratung Suchenden und dem Berater / der Beraterin. Diese Beziehungsmuster sind dynamisch, flexibel und können durchaus durch Interventionen des Beraters und Inputs von Seiten des Klientensystems verändert werden

Der Beziehungstyp des Kunden liegt vor,
wenn Beratung Suchende – in unserem Falle Konfliktbetroffene – und Konfliktcoach/VerhandlungsführerIn im Verlaufe des Klärungsprozesses in der Vorbereitungsphase oder auch im Verlaufe des Konfliktbearbeitungsprozesses ein Anliegen identifizieren, das ein Ziel erkennen lässt und auch Lösungserwartungen beinhaltet. Entscheidend ist, dass die Beratung Suchenden/die Konfliktbetroffenen deutlich machen, dass sie sich selbst als Teil der Lösung sehen und bereit sind, bezüglich des Problems bzw. des Konfliktes selbst aktiv etwas zu tun.

Sich selbst als Teil der Lösung sehen

In diesem Falle arbeitet der Coach/VerhandlungsführerIn mit den Konfliktbetroffenen zusammen an dem Anliegen, dem Problem, dem Konflikt oder an dem Ziel, das sie gemeinsam erkannt haben und unterstützt bei der Entwicklung (und evtl. der Umsetzung) konkreter Lösungsschritte.

Der Beziehungstyp des Klagenden liegt vor,
wenn Beraterin und Klientin im Verlaufe des Klärungsprozesses in der Vorbereitungsphase oder auch im Verlaufe des Konfliktbearbeitungsprozesses gemeinsam ein Behandlungsziel oder eine Beschwerde identifizieren können, nicht aber die konkreten Schritte, die die Klientin machen sollte, um selbst aktiv zu werden und eine Lösung zustande zu bringen. AuftraggeberInnen bzw. KlientInnen, welche diesem Typ entsprechen, sehen sich nicht als Teil der Lösung, sondern glauben eher, dass andere sich ändern müssen. Sie erwarten vom Coach, dass er eine Lösung findet und das Problem, den Konflikt behebt.

Behandlungsziel identifizieren

Sich nicht als Teil der Lösung sehen

Der Konfliktcoach/VerhandlungsführerIn

- ❒ muss hier deutlich machen, dass ein solcher Auftrag nicht einlösbar ist,
- ❒ kann dann mit den zu Beratenden/Konfliktparteien zusammen eine Perspektive entwickeln, die zu einer Lösung führen könnte und
- ❒ arbeitet heraus, worin der aktive Beitrag des Klientensystems für eine Lösung liegen könnte.

Der Beziehungstyp des Besuchers liegt vor,
wenn BeraterIn und Klient im Verlaufe des Klärungsprozesses in der Vorbereitungsphase oder auch im Verlaufe des Konfliktbearbeitungsprozesses weder gemeinsam ein Anliegen identifiziert noch ein Veränderungsziel formuliert haben, an dem in der Beratung weiter gearbeitet werden soll. In diesen Fällen ist es oft auch so, dass ein Klient entweder deutlich macht, dass es aus seiner Sicht kein Problem gibt, das der Beratung bedarf, oder dass jemand anderes das Problem hat. Der Klient sieht keinen Grund, sich zu ändern, oder noch weniger eine Beratung in Anspruch zu nehmen. In einer solchen Situation kann es weiter führen, wenn der Berater zunächst zustimmt, dass es aus Sicht des Klienten wahrscheinlich kein Problem gibt, das eine Beratung erfordert. Der Berater bekundet jedoch seine Bereitschaft, bei der Entscheidung zu helfen, ob es evtl. etwas anderes gibt, woran der Klient/die Klientin arbeiten möchte.

Klient sieht keinen Grund, sich zu ändern

Ihre besondere Aufmerksamkeit ist erforderlich, wenn Ihr (offizieller) Auftraggeber, eine Geschäftsführung z. B., von Ihnen erwartet/fordert, dass Sie tätig werden, auch wenn der Klient/die Klientin andere Vorstellungen hat. Sind Sie als Konflikt-Coach, KonfliktmoderatorIn, Verhandlungsführerln z. B. von einer Geschäftsleitung beauftragt worden, so heißt das noch lange nicht, dass auch die von dem Beratungs- oder Konfliktregulationsvorhaben betroffenen und einzubindenden MitarbeiterInnen dem zustimmen. Diese können eine Konfliktberatung und geplante Vorhaben als eine ihnen aufgezwungene Maßnahme definieren und das Vorhaben boykottieren.

Konfliktberatung als aufgezwungene Maßnahme

Aus systemisch-konstruktivistischer Sicht (vgl. *Beck/Schwarz* 2006) ist es wichtig abzuklären, welche Bedeutung die in das Konfliktgeschehen einbezogenen Personen/Parteien, wie auch die Auftrag gebende Partei, der Initiative „Konfliktberatung", „Konfliktmoderation", „Verhandlungsführung" geben und welche Schlussfolgerungen sie daraus ziehen. Beides bestimmt mit darüber, was und wie viel von einem Konflikt-Coaching bzw. einer Verhandlungsführung angenommen und umgesetzt wird.

Wichtig ist es daher für Sie als Prozessverantwortliche/r

- ❒ mit der Ausgangssituation, auch den Auftragskontext, mögliche Auftragsmuster und die Auftragsdynamik differenziert zu sondieren;
- ❒ differenziert zu prüfen, welche möglicherweise widersprüchliche Erwartungen davon ausgehend an Sie gerichtet werden;
- ❒ zu prüfen, ob und in welcher Weise Sie in Ihrer jeweiligen Rolle diesen Erwartungen entsprechen wollen und können;
- ❒ zu verdeutlichen, welche Unterstützung und welche Art der Kooperation Sie für eine erfolgreiche Umsetzung des Vorhabens von wem brauchen und erwarten.

Die hierbei zu sondierenden Fragen sind in nachfolgender Checkliste zusammen gestellt:

Checkliste
CL

Auftragsmuster und Auftragsdynamik

Was ist zu beachten?

- ❒ Wer sind die Auftraggeber? Was sind ihre Erwartungen und Ziele?
- ❒ Wie kam es zu dem Auftrag? Was ist seine Vorgeschichte? Was sind Gründe und Anlässe?
- ❒ Wie lautet der Auftrag konkret? Wer definiert was als Aufgabe?
- ❒ Ist es ein schon lange andauernder oder ein neuer Zustand, der verändert werden soll?
- ❒ In welchem Zusammenhang steht der Auftrag mit Organisationszielen?
- ❒ Welche Erwartungen hat der Auftraggeber an den / die Prozessverantwortliche / n?
- ❒ Wer ist von dem Auftrag betroffen?
- ❒ Wer sind die anderen Beteiligten (Konfliktparteien?)
- ❒ Wie stehen diese zu dem Vorhaben? Welche Erwartungen verbinden sie damit?
- ❒ Was sind die Zielvorstellungen der Beteiligten?
- ❒ Wie sehen Auftraggeber und Konfliktparteien das gewünschte Ergebnis?
- ❒ Inwieweit ist der Auftraggeber Teil des Konfliktes?
- ❒ Welche Chancen / Gefährdungen gehen von dem Auftrag für wen aus?
- ❒ Was wurde bisher unternommen, um den Zustand zu verändern? Welche Konsequenzen, Auswirkungen hatte dies?
- ❒ Was behindert eine Lösung aus eigener Kraft?
- ❒ Welche fachlich-sachlichen Kompetenzen sind für eine Lösung des Problems erforderlich?
- ❒ Inwieweit stehen diese Kompetenzen intern / extern zur Verfügung?
- ❒ Welcher Zeitraum steht für die Bearbeitung des Konfliktes zur Verfügung?

Abb. 21 CL: Auftragsmuster und Auftragsdynamik

(4) Klären Sie Ihre eigene Rolle, Haltung und Kompetenzen mit Blick auf Auftraggeber, Auftragsdynamik und Konfliktthema

Im Verlaufe dieser vorbereitenden Klärungsphase und mit den gewonnenen Eindrücken und Einschätzungen können Sie nochmals prüfen, ob Sie in Ihrer jeweiligen Rolle und mit Ihren persönlichen Werten und Haltungen tatsächlich die Prozessverantwortung für ein Konflikt-Coaching, eine Konfliktmoderation oder eine Verhandlungsführung übernehmen wollen und können (siehe auch oben Ziff. 2.2). Als Coach oder KonfliktmoderatorIn sind Sie schließlich kein „Neutrum". Auf dem Hintergrund Ihrer eigenen Erfahrungen, ihrer professionellen Kompetenzen, Ihrer Interessen und Ihrer persönlichen Werte und Einstellungen werden Sie bewusst / unbewusst zu Konfliktbetroffenen / Konfliktparteien, zum Konfliktthema, zu den jeweiligen Konfliktverhaltensweisen und -strategien eine bestimmte Haltung haben und eine eigene Position einnehmen. Machen Sie sich klar, welche persönlichen Präferenzen und Abneigungen Sie mit ins Spiel bringen und wie sich diese auf Ihre Arbeit und Ihre Beziehungen zu den Konfliktbetroffenen und Konfliktparteien auswirken könnten. Achten Sie darauf, welche Dynamiken Sie damit eventuell in Gang setzen, welche Verstrickungen Sie begünstigen könnten oder ob Sie gar den für Konfliktsituation charakteristischen Tunnelblick der Konfliktbetroffenen und -beteiligten noch nähren und ver-

Prozessverantwortung übernehmen

Als Coach kein „Neutrum"

Dynamiken in Gang setzen

Tunnelblick verfestigen

festigen würden. Prüfen Sie insbesondere auch, ob es Ihnen grundsätzlich möglich ist, die geforderten Haltungen der Neutralität und Allparteilichkeit einzunehmen (vgl. oben Ziff. 2.2).

Die wichtigsten Fragen sind hier nochmals zusammengestellt:

Checkliste
CL

Persönliche Haltungen und Einstellungen

Wie ist meine Einstellung / Haltung zu ...
- ❒ Zu den vom Konflikt betroffenen Personen / Parteien?
- ❒ zum Konfliktthema / Streitgegenstand?
- ❒ zum Konfliktverhalten?
- ❒ zu den deutlich gewordenen Konfliktstrategien?
- ❒ zu den vermuteten / identifizierten Konfliktquellen?
- ❒ zum Problem, Anliegen?
- ❒ zu den geäußerten Zielvorstellungen?
- ❒ zu den geäußerten / entwickelten Lösungsideen?
- ❒ zu den vermuteten / geäußerten Erwartungen?

Wie schätze ich meine Möglichkeiten als Coach / VerhandlungsführerIn ein?
- ❒ Was traue ich mir zu? Was kann ich? (Persönliche und fachliche Kompetenzen?)
- ❒ Auf welche Ressourcen kann ich zurückgreifen?
- ❒ Was sehe / erlebe ich als widersprüchlich?
- ❒ Was sehe / erlebe ich mit Blick auf meine Haltung, Einstellungen, Kompetenzen als konflikthaft?
- ❒ Welche Konsequenzen ziehe ich daraus?

Abb. 22 CL: Persönliche Haltungen und Einstellungen

(5) Erstellen Sie aufgrund Ihrer Einschätzung der Ausgangssituation und vorläufigen Konfliktdiagnose einen Plan, wie Sie vorgehen möchten

Lokalisieren Sie das Konfliktgeschehen

Lokalisieren Sie zunächst das Konfliktgeschehen und stecken Sie den Konfliktrahmen ab. Ein Konfliktlösungssystem kann primär lokalisiert sein auf oder zwischen unterschiedlichen Ebenen der Konfliktaustragung:

- ❒ Auf der intrapsychischen Ebene eines oder einzelner Konfliktbetroffener,
- ❒ zwischen einzelnen Personen (z.B. Vorgesetzter-MitarbeiterIn, KollegIn-KollegIn),
- ❒ Team / Gruppe,
- ❒ Abteilung,
- ❒ Organisation,
- ❒ Organisation – Umfeld (z.B. vorgesetzte Behörde, Trägerverein, Kunde, Wettbewerber, Gesetzgeber ...)
- ❒ ... bzw. auch mehrere Ebenen umfassen.

Prüfen Sie daher:

- ❐ Ist der Konflikt auf einen kleinen Bereich beschränkt?
- ❐ Wer, welche, wie viele Beteiligte, welche, wie viele Ebenen sind in den Konflikt einbezogen?

Konfliktrahmen abstecken

Aus den Antworten auf die Fragen nach dem „Was", den Konfliktthemen und den Konfliktparteien, lässt sich der Konfliktrahmen abstecken. Besonders ergiebig ist es darauf zu achten, wer, welche Personen (welche Gruppen), welche Konfliktthemen ansprechen.

Kosten-Nutzen-Bilanz

- ❐ Ziehen Sie eine Kosten-Nutzen-Bilanz der bislang praktizierten Konfliktstrategie: Abb. 18 CL: Systematische Konfliktanalyse (Wirkungen und Kosten bisheriger Konfliktstrategien)

Vorläufige Konfliktdiagnose

- ❐ Erstellen Sie eine vorläufige Konfliktdiagnose: entwickeln Sie, ausgehend von Ihren gewonnenen Erkenntnissen und Einschätzungen der Ausgangssituation, der Auftragsmuster und Auftragsdynamik, einige Hypothesen über mögliche Konfliktzusammenhänge und mögliche Konfliktverläufe.

Anleitung
AL

Hypothesen bilden

Bitte beachten Sie bei der Bildung von Hypothesen folgendes:
- ❐ Hypothesen sind Annahmen und Konstruktionen bezüglich bestimmter Sachverhalte.

Hypothesen können sich beziehen auf ...
- ❐ Problemursachen und Problemzusammenhänge,
- ❐ Lösungsvorstellungen und Lösungsmöglichkeiten und deren Wirkungen / Nebenwirkungen,
- ❐ Bedingungen / Voraussetzungen für Lösungen.

Aspekte der Hypothesenbildung
Hypothesen sind z. B.
- ❐ Vermutungen über mögliche Gründe
  - ➢ warum ein Problem (ein Konflikt) besteht,
  - ➢ warum ein Problem aufrecht erhalten wird,
  - ➢ warum bisher noch keine (zufrieden stellende) Lösung gefunden wurde.
  - ➢ warum bisherige Lösungsversuche gescheitert / misslungen sind.

- ❐ Vermutungen darüber
  - ➢ welche Entwicklungen eintreten werden,
  - ➢ welche Folge- / Nebenwirkungen bestimmte Entwicklungen haben werden,
  - ➢ was geschehen müsste, damit eine erwartete Situation nicht eintritt,
  - ➢ was geschehen müsste, damit sich die Situation ändert,
  - ➢ wer (mit wem) auf welche Weise etwas tun könnte, damit ein Problem verhindert / gelöst wird.

Abb. 23 AL: Hypothesen bilden

Vergewissern Sie sich Ihres Auftrages und planen Sie das weitere Vorgehen.

Checkliste
CL

Auftrag und Planung der Konfliktbearbeitung

Was ist zu beachten?

- ❒ Wie lautet der Auftrag und welche Teilaufgaben beinhaltet dieser?
- ❒ Wer ist der formelle Auftraggeber? Welche anderen – evtl. informellen – Auftraggeber gibt es?
- ❒ Art und Ausmaß des Konfliktes?
- ❒ Welche Betroffenen, welche Parteien müssen / sollen aktiv in die Konfliktbehandlung eingebunden werden?
- ❒ In welcher Form sollen / können sie eingebunden werden?
- ❒ Wichtige Spielregeln / Verfahrensweisen?
- ❒ In welche Rolle begeben Sie sich: Coach / KonfliktmoderatorIn, verhandlungsführende Drittpartei?
- ❒ Sind Sie „Drittpartei"?
- ❒ Unter welchen Bedingungen soll / kann / will die Drittpartei intervenieren?
- ❒ Gibt es Schutzgarantien für die Konfliktparteien (Berufungs-, Beschwerdewege) mit Blick auf die Drittpartei?
- ❒ Zeitliche Gestaltung und Begrenzung Ihres Auftrages?
- ❒ Wann, in welcher Form, mit wem sollen Verlauf und Ergebnisse überprüft werden?
- ❒ Erstellen Sie einen Grobplan, wie Sie vorgehen wollen und stimmen Sie diesen mit dem formellen Auftraggeber und anderen relevanten Beteiligten ab.
- ❒ Planen Sie gegebenenfalls Sofortmaßnahmen und stimmen Sie diese mit dem formellen Auftraggeber und anderen relevanten Beteiligten ab.
- ❒ Planen Sie den nächsten Schritt und treffen Sie entsprechende Vereinbarungen:
- ❒ Beteiligte Personen / Gruppen?
- ❒ Wann und wie lange?
- ❒ Um was soll es gehen? Thema, Gegenstand?
- ❒ Was soll erreicht / geklärt werden? – Ziele
- ❒ Wie soll / kann dabei vorgegangen werden?
- ❒ Welche Vorbereitungen sind dazu erforderlich?

Abb. 24 CL: Auftrag und Planung der Konfliktberatung

Weitere Hinweise und methodische Vorschläge zur Vorbereitung eines Konfliktbear-beitungsprozesses finden Sie in Kapitel 4.

3.3 Einstieg

Was ist in diesem Prozessabschnitt zu beachten?

(1) Nehmen Sie (erneut) Kontakt auf.
(2) Arbeiten Sie mit den Beratung Suchenden bzw. den Konfliktparteien deren Sicht des Konfliktgeschehens heraus.
(3) Fragen Sie nach Vorstellungen über mögliche Lösungen und Ziele und klären Sie, worin Ihr Beitrag (Ihr Auftrag) als BeraterIn oder ModeratorIn in diesem Prozess bestehen soll/kann.
(4) Gehen Sie achtsam mit Widerständen und Rückfällen um.
(5) Prüfen Sie, ob Sie weitere, angebotene Materialien für den Einstieg nutzen wollen.

(1) Nehmen Sie (erneut) Kontakt auf und knüpfen Sie an Vorgespräche an

Hier können (u. a.) drei Varianten unterschieden werden:

a) Eine erste Kontaktaufnahme ist bereits während der Vorbereitung erfolgt

Gespräche haben bereits stattgefunden

Gespräche im Rahmen einer ersten Kontaktaufnahme haben bereits im Vorfeld stattgefunden. Sollten Sie die Konfliktbetroffenen oder das Team gebeten haben, sich auf die erste Beratungssitzung bzw. den gemeinsamen Prozess der Konfliktbearbeitung vorzubereiten, dann knüpfen Sie an die getroffenen Absprachen und Vereinbarungen an, laden ein, die Vorbereitung zu präsentieren und arbeiten damit weiter.

b) Eine Beratungs-/Arbeitsbeziehung besteht bereits

Eine Beratungs-/ Arbeitsbeziehung besteht

Dies ist dann der Fall, wenn Sie sich im Rahmen eines Konfliktbearbeitungs- oder Beratungsprozesses schon mehrfach mit dem zu Beratenden bzw. den Konfliktparteien getroffen haben.
In diesem Fall knüpfen Sie ebenfalls an den beim letzten Treffen getroffenen Vereinbarungen an. Bitten Sie um einen Bericht/eine Rückmeldung über Entwicklungen zwischen dem letzten und dem aktuellen Treffen. Arbeiten Sie heraus, welche Fragen, Themenaspekte in der aktuellen Sitzung aufgegriffen und weiter bearbeitet werden sollen.

c) Der Einmalkontakt

Auf einen Einmalkontakt einstellen

Für manche Beratungskontexte kann es durchaus typisch sein, dass Sie sich als Coach/VerhandlungsführerIn auf einen Einmalkontakt einstellen müssen. In diesen Fällen bewegen Sie sich in der Regel innerhalb eines engen Zeitkorsetts. Eine Beratung, Konfliktmoderation bzw. Verhandlungsführung kann in solchen Fällen nur sehr fokussiert erfolgen. Sie werden kaum Zeit haben mit den Betroffenen die Komplexität des Themas zu entfalten, unterschiedliche Lösungswege zu entwickeln und diese auf Realisierbarkeit und

Konsequenzen zu prüfen. Sie werden sich hier in knapper Zeit ein Bild verschaffen, worin das Anliegen besteht, um was es geht und ob bzw. wie im Rahmen dieses Treffen ein bestmögliches Ergebnis zu erreichen ist.

(2) Arbeiten Sie mit den Beratung Suchenden bzw. den Konfliktparteien deren Sicht des Konfliktgeschehens heraus

Wahrnehmung äußerer Realität Gefühle, Wünsche, Bewertungsmuster

Wie bereits gesagt, geht es vor allem darum, wie der/die Betroffene, andere Konfliktbeteiligte bzw. die Konfliktparteien aus ihrer jeweiligen Sicht das Konfliktgeschehen, Konfliktquellen und entsprechende Zusammenhänge sehen und erleben. Die Fragerichtung muss sich daher auf die Wahrnehmung äußerer Realität, wie auch auf die damit verbundenen intrapersonalen Prozesse und Verhaltensreaktionen, wie Gefühle, Wünsche, Bewertungsmuster, Gedanken, Selbstgespräche, Handlungsimpulse, denen man/frau gerne nachgehen möchte, evtl. auch auf physiologische Reaktionen, Stimme, Körperhaltung und -bewegung, konkrete Aktionen richten. Das diesbezügliche Vorgehen hängt entscheidend auch von dem Setting der Konfliktbearbeitung ab (vgl. Kapitel 4).

„Rekonstruierende" Beschreibung des Konfliktmusters

Bitte beachten Sie: Entsprechend dem systemisch-konstruktivistischen Beratungsansatz geht es hierbei stets um eine „rekonstruierende" Beschreibung des Konfliktmusters/-gewebes aus der Sicht der jeweils Beteiligten. Unser Verhalten wird gesteuert von den Bildern, die wir uns über „die Welt" machen. Ähnlich argumentiert auch *Glasl* (1991, S. 59): „Nur wenn die Konfliktinterventionen auf die Punkte eingehen, die erlebnismäßig für die Konfliktparteien im Vordergrund stehen, werden diese zur Mitwirkung an der Konfliktbehandlung bereit sein. Andernfalls widersetzen sie sich, weil nach ihrem Urteil die Dritte Partei an ihren (subjektiv so erlebten!) Kernpunkten vorbeigeht".

Fragen gehören in diesem Zusammenhang, wie auch im gesamten Beratung- bzw. Konfliktmoderationsprozess zu Ihrem unverzichtbaren Interventionsrepertoire.

Auch hierzu finden Sie Anregungen in der → Ziff. 2 der Abb. 19 AL: Lösungsorientiert fragen (S. 86). Außerdem können Sie sich auch hier auf die in → Abb. 18 CL: Systematische Konfliktanalyse zusammengestellten Fragen stützen (S. 84), die Ihnen Anregungen zur systematischen Analyse eines Konfliktes bieten. Weitere Checklisten, deren Sie sich in diesem Zusammenhang bedienen können finden Sie in dem Band *Beck/Schwarz* (2006).

Konfliktsituationen sind in der Regel sehr komplex. Konfliktbetroffene tun sich aufgrund ihrer Verstrickung in die Situation oftmals in Anfangs- und Einstiegssituationen schwer zu beschreiben, worum es geht. Um ihnen dies zu erleichtern, können Sie auch auf bewährte alternative Wege zur Rekonstruktion des Konfliktgeschehens zurückgreifen. Diese eröffnen zugleich Möglichkeiten das Konflikterleben, die Situation aus einem veränderten, ungewohnten Blickwinkel zu beschreiben bzw. auch mit etwas mehr Distanz zu sehen.

Verstrickung in die Situation

Sie können die Konfliktbetroffenen/Konfliktparteien z. B. bitten,

- ❒ ein Symbol oder einen Gegenstand zu suchen, der ein Gefühl oder einen Konflikt beschreibt.
- ❒ die Konfliktsituation und Lösungssituationen so zu beschreiben, als wenn ein Film ablaufen würde.
- ❒ eine zu ihrem Erleben, zum Konflikt passende Körperhaltung einzunehmen.
- ❒ eine Skizze/ein Bild zur Situationsbeschreibung aufzumalen.
- ❒ zur Situation einen passenden Buchtitel/Roman zu finden.

Legen Sie sich eine Sammlung mit Figuren (Tierfiguren), Steinen, Münzen, Spielbausteinen u. a. zu und lassen Sie die Situation „bauen" oder „stellen". Selbstverständlich ist es auch hierbei wichtig, auf „Anschlussfähigkeit" der Vorgehensweise zu achten und das Setting der Konfliktbearbeitung im Auge zu behalten.

Figuren, Steine, Münzen

(3) Fragen Sie nach Vorstellungen über mögliche Lösungen und Ziele und klären Sie, worin Ihr Beitrag (Ihr Auftrag) als Beraterin oder Moderatorin in diesem Prozess bestehen soll/kann.

Oft beschreiben Konfliktbetroffene und Konfliktparteien das, was sie wollen, nicht in der Form eines Ziels, sondern eher in Form situationsbezogener und emotionaler Äußerungen wie z. B. als Klage, Anklage, Beschwerde oder auch als Wunsch. Ihre Aufgabe als Coach/VerhandlungsführerIn konzentriert sich dann darauf, die geäußerten Beschwerden, Klagen oder Wünsche in möglichst konkrete Zielbeschreibungen überzuführen.

Beschwerden in Zielvereinbarungen überführen

Dazu bieten Sie z. B. Fragen wie folgende an:

- ❒ Was wäre für Sie ein gutes Ergebnis der Beratung/dieses Treffens?
- ❒ Auf welche Weise würden Sie selbst die Aufgaben/die Dinge gerne anders angehen?

Lösungsorientierte Fragen

Hinter diesen lösungsorientierten Fragen steht die Absicht, sich von einer bloßen Gefühlsäußerung zu einer Beschreibung hin zu bewegen, die Handlungsmöglichkeiten deutlich werden lässt, die Konfliktbetroffene selbst auswählen und ausführen können.

Rahmen hypothetischer Lösungen

- ❒ Wenn es den Konfliktbetroffenen/Konfliktparteien schwer fällt, ein Ziel in positiven Begriffen zu beschreiben oder Konfliktausnahmen zu benennen, dann können Sie das Gespräch in den Rahmen hypothetischer Lösungen überführen, um mehr Einzelheiten über mögliche Ziele und Lösungswege herauszufinden. Gefragt wird nach einer hypothetischen Zukunft, in der das Problem gelöst ist oder gelöst werden kann, und in der sich das Ziel ereignen wird.

Fragen nach Ausnahmen

- ❒ Wenn wir den Begriff „Problem" verwenden, unterscheiden wir implizit zwischen Problemzeiten und solchen Zeiten, in denen das Problem nicht auftritt. Fragen nach Ausnahmen sollen den Coachee/die Konfliktparteien einladen, auf die „andere Seite" der Unterscheidung zwischen Problemzeit/Problemsituation zu schauen, mit der Absicht, Anknüpfungspunkte für Ziele und mögliche Lösungsschritte zu entdecken. Weitere Anregungen hierzu finden Sie unter den Ziffern 3 und 4 der obigen Anleitung → Abb. 19 AL: Lösungsorientiert fragen.

Ziele konkret formulieren

- ❒ Ihre Aufgabe als Coach, KonfliktmoderatorIn bzw. VerhandlungsführerIn besteht auch darin, Konfliktbetroffene bzw. die Konfliktparteien anzuregen die Ziele, die sie erreichen wollen, so konkret und lebendig wie möglich zu entwickeln und zu formulieren.
- ❒ Klären Sie für den Gesamtprozess und für jede Beratungseinheit/jede Konfliktmoderationssitzung, was ein gutes Ergebnis dieses Treffens sein könnte.
- ❒ Vereinbaren Sie ein konkretes Ziel und Ihren Auftrag für jede Beratungseinheit/Konfliktmoderation.
- ❒ Konkretisieren Sie Ihren Auftrag, in dem Sie herausarbeiten, was Ihr Beitrag als Coach/KonfliktmoderatorIn, VerhandlungsführerIn zur Erreichung dieser Ziele sein kann und sein soll.

Anleitung
AL

Ziele formulieren

Auf was ist zu achten?

- ❒ Ziele können Konfliktbetroffene / Konfliktparteien immer nur für sich selbst formulieren oder gemeinsam vereinbaren.
- ❒ Ziele immer positiv formulieren, denn das Gehirn kennt keine Verneinungen.

Realistische Ziele setzen

- ❒ Ziele müssen mit Blick auf die zur Verfügung stehenden Ressourcen an Zeit, Geld, Kompetenzen, sozialen Verpflichtungen grundsätzlich erreichbar sein.
- ❒ Achten Sie darauf, dass Termine gesetzt bzw. vereinbart werden, bis wann Ziele erreicht sein sollen. Sie können auch Teilziele und entsprechende Termine vereinbaren (lassen).

Ziele situationsspezifisch und konkret formulieren

Nutzen Sie dabei die ***W-Fragen:***

- ❒ ***Wann,***
- ❒ ***wo,*** mit Blick auf
- ❒ ***was*** möchte wer
- ❒ ***welches*** Ziel erreichen?

Erst wenn eine konkrete Situation vor Augen steht, ist das Ziel eindeutig.

Indikatoren für die Zielerreichung erarbeiten (lassen)

- ❒ Woran kann wer (wie, mit Hilfe von was) erkennen / feststellen, dass das Ziel erreicht ist?

Abb. 25 AL: Ziele formulieren

Grundsätzlich ist es sinnvoll, die für den Gesamtprozess entwickelten Kontraktvereinbarungen durch kleine Kontrakte für einzelne Coaching-Einheiten bzw. Treffen zu ergänzen.

Vereinbarungen schaffen Verpflichtungen

Vereinbarungen schaffen Verpflichtungen: Interesse, Offenheit und Vertrauensvorschuss, die zu Beginn mitgebracht werden, dürfen nicht enttäuscht sondern müssen abgesichert und schrittweise zu einer vertrauensvollen Atmosphäre ausgebaut werden. Es ist bevorzugt Ihre Aufgabe als Prozessverantwortliche/r, zeit- und bedarfsweise auf die getroffenen Vereinbarungen aufmerksam zu machen und Sorge zu tragen, dass sich die zu Beratenden / die Konfliktparteien daran orientieren. Greifen Sie gegebenenfalls geäußerte Schwierigkeiten und Bedenken auf und klären Sie diese gemeinsam.

(4) Gehen Sie achtsam mit Widerständen und Rückfällen um

Gründe aller Beteiligten respektieren

Wertschätzung der zögernden wie der veränderungswilligen Kräfte

Klären Sie geäußerte Einwände

Auch wenn der/die Betroffenen aktiv in den Klärungs- und Lösungsprozess einbezogen sind, kommt es vor, dass einzelnen Schritte oder die Vorgehensweise insgesamt immer wieder in Frage gestellt wird. Dies hat häufig Gründe, die es zu würdigen gilt. Als Prozessverantwortliche/r sollten sie die Gründe aller Beteiligten respektieren und darauf achten, dass die notwendige Balance gehalten wird zwischen jenen Kräften, die keine Veränderung wollen und der veränderungswilligen Seite. Daher empfiehlt es sich bei Veränderungsprozessen nicht einseitig das Problem-/Konfliktverhalten abzuwerten und das gewünschte Lösungsverhalten in idealisierender Weise hervorzuheben. Das würde eher wenig zieldienliche Gegenkräfte provozieren. Achten Sie auf die ganzheitliche Wertschätzung sowohl der zögernden Seite wie auch der veränderungswilligen Kräfte. Suchen Sie konsequent mit den Beteiligten nach „dritten Wegen" einer Lösung. Arbeiten Sie dabei die nötigen und hilfreichen Ressourcen heraus (Siehe oben Ziff. 1.1.3 und 2.3.3.3.). Klären Sie mit den Beteiligten geäußerte Einwände, Bedenken zu den Problemsichten, Zielvorstellungen und Lösungsmöglichkeiten. Wechseln Sie gegebenenfalls Ihr Vorgehen, gemäß dem Motto des lösungsorientierten Konzeptes: „Wenn etwas nicht funktioniert, dann probieren Sie etwas anderes!"

Beobachten Sie aufmerksam wie Konfliktbetroffene/Konfliktparteien darauf reagieren und ob diese Reaktionen in die angepeilte Richtung gehen.

Anleitung
AL

Mit Widerständen umgehen

Auf was ist zu achten?
Treten auf Seiten einer Beratung suchenden Partei bzw. einer Konfliktpartei „Verweigerungen", „Stockungen", Zähigkeit, Rückfälle, Eskalation der Konfliktsymptome u. a. auf

- ❒ Klären Sie zunächst, welche wichtigen Informationen auch mit Blick auf die Kooperationsdynamik im Beziehungssystem „Berater/in – Coachee" bzw. „Drittpartei – Konfliktparteien" darin enthalten sind.
- ❒ Arbeiten Sie heraus, was in dieser Situation für das Gelingen einer zieldienlichen Kooperation zwischen Ihnen als Berater/in bzw. Drittpartei und den Konfliktparteien beachtet werden muss.
- ❒ Haben Sie Ihr methodisches Vorgehen zu wenig transparent gemacht?
- ❒ Wie steht es mit Ihrer Allparteilichkeit und Neutralität?
  Siehe → Abb. 21 CL: Persönliche Haltungen und Einstellungen

Prüfen Sie auch ...

- ❒ Ist das Ziel vielleicht zu vage formuliert oder erscheint es nicht attraktiv genug?
- ❒ Überfordert das Ziel die Kompetenzen der zu Beratenden / Konfliktparteien?
- ❒ Stehen den zu Beratenden / Konfliktparteien ausreichend und angemessene Ressourcen zur Verfügung um den herausgearbeiteten Lösungsschritt zu gehen? (vgl. Ziff. 1.1.3).

Klären Sie gegebenenfalls nochmals den Auftrag / Auftragskontext

- ❒ Muss der ursprüngliche Auftrag verändert, neu definiert werden?
- ❒ Müssen die für die Beratung / Moderation bestimmten Ziele nochmals überprüft und korrigiert werden?
- ❒ Müssen die Kontraktvereinbarungen nochmals verhandelt, neu formuliert werden?

Treffen Sie gegebenenfalls neue Vereinbarungen

Abb. 26 AL: Mit Widerständen umgehen

3.4 Lösungsarbeit

In diesem Prozessabschnitt steht für Sie als Prozessverantwortliche/r folgende zentrale Aufgabe im Vordergrund:

(1) Unterstützen Sie die Konfliktbetroffenen/Beteiligten bei der Erarbeitung „neuer" Lösungen („dritter Lösungswege) und der Entwicklung überschaubarer, realisierbarer Lösungsschritte.

Erarbeitung „neuer" Lösungen

(2) Unterstützen Sie die Konfliktparteien darin, die erarbeiteten Ziele und Teilziele weiter zu differenzieren oder auch zu modifizieren und realistisch sowie überprüfbar zu formulieren.

Ziele und Teilziele formulieren

(3) Achten Sie darauf, dass die nötigen Mittel/Ressourcen zur Umsetzung entwickelter Lösungsschritte zur Verfügung stehen.

Mittel/Ressourcen

(1) Unterstützen Sie die Konfliktbetroffenen/Beteiligten bei der Erarbeitung „neuer" Lösungen („dritter Lösungswege) und der Entwicklung überschaubarer, realisierbarer Lösungsschritte.

Die nachfolgende Anleitung zeigt einige Möglichkeiten, wie Sie den Prozess der Lösungsarbeit steuern und gestalten können.

Anleitung
AL

Steuerung der Lösungsarbeit

Auf was ist zu achten?
- ❒ Fragen Sie differenziert nach.
- ❒ Machen und sammeln Sie Vorschläge.
- ❒ Bieten Sie neue, eigene Sichtweisen, Hypothesen und Lösungsideen an.
- ❒ Unterbrechen Sie gegebenenfalls lange Beschreibungen und Ausführungen der vom Konflikt Betroffenen / der Konfliktparteien.

Erweitern Sie die Komplexität
- ❒ Lassen Sie alternative Sichtweisen, Themen, Ideen und Bewertungen sammeln bzw. offen legen und gemeinsam besprechen.

Reduzieren Sie die Komplexität, indem Sie ...
- ❒ Prioritäten setzen (lassen),
- ❒ Lösungen in Schritte zerlegen (lassen),
- ❒ einen Lösungsschritt genau betrachten,
- ❒ nach Konsequenzen, zieldienlichen Wirkungen und Nebenwirkungen fragen,
- ❒ konkretisieren, eindeutig machen, eindeutig bewerten,
- ❒ eine Auswahl treffen (lassen),
- ❒ Entscheidungen treffen lassen,
- ❒ die hierbei deutlich werdenden Lösungsideen und mögliche Lösungswege verbal und visuell festhalten und
- ❒ prüfen, ob und wie diese realisiert werden können.

Abb. 27 AL: Steuerung der Lösungsarbeit

Lösungsarbeit verläuft nicht linear

Die Lösungsarbeit verläuft in der Regel nicht linear. Vielmehr wird es erforderlich sein, dass Sie mehrfach zwischen Konflikt- und Lösungsbeschreibungen wechseln – hin und her pendeln. Auf diese Weise werden Unterschiede und damit auch Lösungsansätze und -schritte erkennbar:

- ❒ Lassen Sie die Konfliktbetroffenen beschreiben, was für sie jeweils zur Problem-/Konfliktsituation und was zur Lösungssituation gehört.
- ❒ Arbeiten Sie Assoziationen heraus: Was ist mit der Konfliktsituation, was ist mit der Lösungssituation verbunden?
- ❒ Arbeiten Sie Dissoziationen heraus: Was ist nicht mit der Konfliktsituation, was ist nicht mit der Lösungssituation verbunden?

(2) Unterstützen Sie die Konfliktparteien darin, die erarbeiteten Ziele und Teilziele weiter zu differenzieren oder auch zu modifizieren und realistisch sowie überprüfbar zu formulieren.

Im Prozess der Erarbeitung und Prüfung möglicher Konfliktlösungen kann es erforderlich sein, dass Sie die Konfliktparteien darin unterstützen, die erarbeiteten Ziele und Teilziele weiter zu differenzieren oder auch zu modifizieren und realistisch sowie überprüfbar zu formulieren (Siehe Abb. 25 AL: Ziele formulieren). Überprüfen Sie gegebenenfalls erneut Ihren Auftrag und modifizieren Sie ihn falls erforderlich.

Ziele und Teilziele weiter zu differenzieren

(3) Achten Sie darauf, dass nötige Mittel/Ressourcen zur Umsetzung entwickelter Lösungsschritte zur Verfügung stehen.

Prüfen Sie insbesondere, ob die Konfliktbetroffenen/-parteien ausreichend motiviert sind den jeweils anstehenden Lösungsschritt auch umzusetzen. Greifen Sie falls erforderlich Widerstände und Rückfälle auf. (Siehe Abb. 26 AL: Mit Widerständen umgehen). Achten Sie darauf, dass die für die Umsetzung der entwickelten Lösungsschritte erforderlichen Mittel/Ressourcen auch verfügbar sind (vgl. oben Ziff. 1.1.3). Geben Sie Unterstützung falls es nötig sein sollte, weitere Informationen zu besorgen, erforderliche Kenntnisse zu erwerben, Fertigkeiten zu entwickeln.

Widerstände und Rückfälle

3.5 Ergebnissicherung

In der Abschlussphase des Konflikt-Coachings/der Konfliktmoderation/ Konfliktverhandlung geht es um folgende Aufgaben:

Abschlussphase des Konflikt-Coachings

(1) Reflektieren Sie mit den Beteiligten/den Konfliktparteien neue Aspekte, arbeiten Sie Unterschiede heraus und ziehen Sie Bilanz.
(2) Reflektieren und bilanzieren Sie den Konflikt-Coaching-Prozess.
(3) Treffen Sie Vereinbarungen/geben Sie „Hausaufgaben".

„Hausaufgaben"

(1) Reflektieren Sie mit Ihrem Coachee/den Konfliktparteien neue Aspekte, arbeiten Sie Unterschiede heraus und ziehen Sie Bilanz

Bitten Sie den Coachee/die Konfliktparteien um eine Rückmeldung zu neuen Aspekten und Sichtweisen, die sich im Verlaufe des Konfliktbearbeitungsprozesses für sie ergeben haben und arbeiten Sie gemeinsam mit ihnen die Unterschiede heraus. Halten Sie fest, welche Lösungsschritte zunächst zu gehen sind (Siehe auch oben die Ziff. 5 in Abb. 19 AL: Lösungsorientiert fragen).

Rückmeldung

Kosten- und Nutzen-Seite

Reflektieren und prüfen Sie die Kosten- und Nutzen-Seite der entwickelten Lösungsschritte. Je nach Situation und Rahmenbedingungen ist eine Konfliktlösung mehr oder weniger geeignet, bzw. hat neben dem erhofften Nutzen für die Konfliktbeteiligten, die Organisation und oft auch für andere, nicht unmittelbar in den Konflikt involvierte Personen/Gruppen auch eine Kostenseite. Konfliktlösungen lassen sich z.T. auch hinsichtlich ihrer gewollten und nicht beabsichtigten Wirkungen antizipatorisch überprüfen und „bilanzieren". Eine Einschätzung und Bilanzierung der Kosten- und Nutzenseite von Bewältigungsstrategien kann nicht nur auf der Basis von „hard facts", Messdaten und Zahlen vorgenommen werden, sondern sollte auch „weiche Faktoren" berücksichtigen.

antizipatorisch überprüfen

Hilfreiche Kriterien für die Herausarbeitung einer Kosten-Nutzen-Analyse unterschiedlicher Konfliktlösungsstrategien stammen von *Ury/Brett/Goldberg* (1991, S. 28ff). Ihnen zufolge kann eine Konfliktlösung „gemessen" werden an:

Transaktionskosten, Zufriedenheit, Auswirkungen

- ❒ den Transaktionskosten, die sie verursacht,
- ❒ der Zufriedenheit der Konfliktparteien mit den Ergebnissen,
- ❒ den Auswirkungen auf die zukünftigen Beziehungen der Konfliktparteien,
- ❒ der Beilegung oder Neuauflage des Konfliktes.

Was ist im Einzelnen damit gemeint ist können Sie dem folgenden Überblick entnehmen (weitergehende Erläuterungen in *Beck/Schwarz* 2006):

Kosten-Nutzen-Analyse von Konfliktlösungsstrategien

Transaktionskosten

Die Transaktionskosten einer Konfliktbewältigungsstrategie können z. B. umfassen:

- ❐ direkte wirtschaftliche / materielle Verluste und Einbußen,
- ❐ eingesetzte, vergeudete Zeit,
- ❐ nervliche Belastungen,
- ❐ verpasste Chancen,
- ❐ Prestigeverlust, verlorene Anerkennung und Wertschätzung.

Zufriedenheit mit den Ergebnissen

- ❐ Zufrieden ist eine Person / Konfliktpartei dann, wenn die vereinbarte Lösung zur Erfüllung ihrer Wünsche, Interessen beiträgt und / oder sie für gerecht und fair gehalten wird.
- ❐ Die Zufriedenheit mit den Ergebnissen hängt wesentlich davon ab, ob die Person / Konfliktparteien
  - ➢ die Gelegenheit hatten, sich zur Sache zu äußern,
  - ➢ selbst über die Annahme oder Zurückweisung der Vereinbarung entscheiden konnten,
  - ➢ an der Entwicklung einer Lösung beteiligt waren und in maßgeblichem Umfang einbezogen wurden.

Auswirkungen auf die zukünftigen Beziehungen

- ❐ Jede Konfliktlösung, jede willentlich oder unwillentlich, bewusst oder unbewusst eingeschlagene Strategie im Umgang mit einem Konflikt ist eine Intervention in ein bestehendes (Beziehungs-) System. Wichtig für die Qualität und Stabilität der künftigen Beziehungen ist es, möglichst klare Antworten auf folgende Fragen zu finden:
  - ➢ Was sind die kurz-, mittel- und langfristigen Auswirkungen der Konfliktlösung auf die betroffenen Personen und Parteien?
  - ➢ Welche Auswirkungen auf weitere Beziehungen in der Organisation sind gegeben?
  - ➢ Beeinträchtigt eine eingeschlagene Konfliktlösungsstrategie die Bereitschaft der Parteien zu einer dauerhaften Kooperation?

Beilegung oder Neuauflage des Konfliktes

- ❐ Im Vordergrund steht hier die Frage, ob das gewählte Vorgehen zu nachhaltigen Lösungen führt. Für bestimmte Konfliktsituationen kann mitunter schnell und leicht eine Lösung gefunden werden, die jedoch nicht verhindert, dass derselbe Konflikt (zwischen den Parteien) wieder aufbricht.

Quelle: Ury / Brett / Goldberg (1991, S. 28 ff

Abb. 28: Kosten-Nutzen-Analyse von Konfliktlösungsstrategien

Alle vier Kriterien – Transaktionskosten, Zufriedenheit, Auswirkungen, Nachhaltigkeit einer Konfliktlösung – stehen in einem wechselseitigen Zusammenhang. Die Unzufriedenheit mit einer Lösung wirkt sich auf die zukünftigen Beziehungen aus und kann zu einem Neuaufflammen des Konfliktes beitragen.

Transaktionskosten, Zufriedenheit, Auswirkungen, Nachhaltigkeit

Für das Konflikt-Coaching und die Verhandlungsführung lassen sich hieraus folgende praktische Konsequenzen ziehen:

- ❒ In der Vergangenheit oder auch gegenwärtig noch praktizierte Strategien der Konfliktbewältigung können unter Zugrundelegung dieser Kriterien auf ihre Kosten und auf ihren Nutzen hin analysiert und eingeschätzt werden.
- ❒ Angedachte, alternative Strategien der Konfliktlösung können in gleicher Weise geprüft, eingeschätzt und mit den Kosten / dem Nutzen bisheriger Lösungsversuche verglichen werden.
- ❒ Die Frage nach dem „besten" Lösungsansatz mündet dann in die Frage nach einem unter den gegebenen Umständen, unter Beachtung der vier Kriterien „kostengünstigsten" Lösungsansatz.

Reflektieren und bilanzieren

(2) Reflektieren und bilanzieren Sie den Prozess

Räumen Sie auch genügend Zeit ein, um den zurückliegenden Prozess zu reflektieren und zu bilanzieren. Die Reflexion und Bilanz kann sich u. a. auch auf folgende, weitere Aspekte beziehen:

- ❒ Wichtige Erfahrungen und Bewertung des persönlichen Veränderungs- / Lernprozesses.
- ❒ Bei sozialen Konflikten: Wichtige Erfahrungen mit Blick auf den Lern- / Veränderungsprozess der Gruppe / des Teams / der Konfliktparteien.
- ❒ Prüfen, was der Einzelne bzw. auch die Gruppe, das Team, die Konfliktparteien gewonnen haben, welcher Nutzen aus der Beratung / Konfliktmoderation / der Konfliktverhandlung gezogen wurde, was weniger nützlich war und welche Fragen noch offen geblieben sind.

(3) Treffen Sie Vereinbarungen

Welche Lösung, welcher Lösungsschritt

Klären Sie mit den Beteiligten, welche Lösung, welcher Lösungsschritt zunächst realisiert werden soll. Unterstützen Sie den Coachee / die Konfliktparteien in der Konkretisierung und Kontextualisierung" dieses Lösungsschrittes. Halten Sie abschließend die getroffenen Vereinbarungen schriftlich fest.

3.6 Follow up

Während des gesamten Prozesses – insbesondere, wenn es um einen längeren Verlauf mit mehreren Treffen geht – wie auch in einem angemessenen Zeitraum nach Abschluss der Konfliktbearbeitung können Sie eine Evaluation vorsehen, bei der überprüft wird, ob vereinbarte Lösungsschritte umgesetzt und erforderliche Veränderungen vorgenommen werden.

Wer überprüft und bewertet?
Als „neutrale Partei" sollten Sie die beteiligten Konfliktparteien / Personen aktiv in die Überprüfung und Bewertung der Ergebnisse mit einbinden. Diese sind am ehesten in der Lage die positiven und negativen Auswirkungen der Veränderungen einzuschätzen.

Konfliktparteien / Personen entbinden

Was sind die Bewertungskriterien?
Eine Überprüfung und Bewertung der Ergebnisse kommt selbstverständlich nicht ohne Maßstäbe / Bewertungskriterien aus. Besprechen und vereinbaren Sie auch vorab Bewertungskriterien mit den Beteiligten. Überprüfen Sie diese Kriterien im Ablauf des Prozesses immer wieder mit den Beteiligten nach Stimmigkeit / Akzeptanz. Einigen Sie sich gegebenenfalls auf Korrekturen.

Maßstäbe / Bewertungskriterien

Die in diesem Kapitel dargestellten Prozess-Schritte, Aufgaben und Vorgehensweisen gelten grundsätzlich gesehen für alle Formen und Varianten eines Konfliktbearbeitungsprozesses.

Für die Gestaltung der verschiedenen Settings einer Konfliktbearbeitung, wie

- ❒ das Konflikt-Coaching in der Einzelberatung
- ❒ das Konflikt-Coaching im Team
- ❒ die Verhandlungsführung

bieten sich weitere Methoden und Materialien an. Diese sind im nachfolgenden Kapitel 4 aus Gründen besserer Übersichtlichkeit zusammengestellt.

4. Ergänzende Materialien zu ausgewählten Settings der Konfliktbearbeitung

„Ein Kompromiss muss nicht eine Lösung sein,
mit der alle Beteiligten nur halb oder teilweise
zufrieden sind, es kann auch eine völlig neue Idee
sein, von der plötzlich alle Beteiligten begeistert sind."
Romana Prinoth Fornwagner

In diesem Kapitel erhalten Sie weitere Materialien, die Sie für die Vorbereitung und Durchführung einer Konfliktbearbeitung heranziehen können. Sie können die Materialien und methodischen Vorschläge auch abwandeln und mit eigenen Materialien und Ideen kombinieren. Die geschilderte Abfolge ist kein Muss, sondern soll Ihnen Anregungen bieten, die Ihnen Zeit und Vorbereitung ersparen.

Die Materialien sind folgenden Settings zugeordnet:

Setting 1: Konflikt-Coaching in Einzelberatung
Setting 2: Konflikt-Coaching im Team
Setting 3: Verhandlungsführung

Wichtiger Hinweis!
Die Materialien ergänzen die in Kapitel 3 aufgezeigte grundsätzliche Vorgehensweise. Sie sind kein Ersatz für die dort aufgelisteten „to do's".

Die *Settings* repräsentieren Standardaufgaben, mit denen Coachs bzw. KonfliktmoderatorInnen in aller Regel konfrontiert sind. Die Standardaufgaben werden in Setting 1 nochmals in drei Themenkomplexe – (in Abbildung 29 als Themen Tb1, Tb2, Tb3 usw. benannt) – untergliedert.

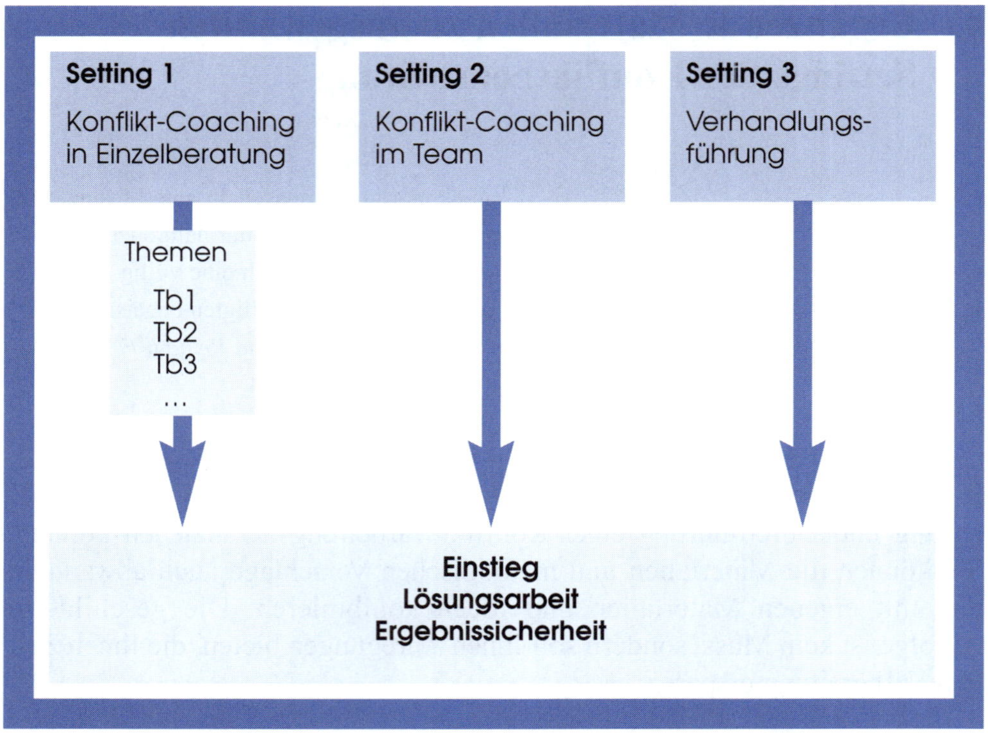

Abb. 29: Ausgewählte Settings der Konfliktbearbeitung (Beck/Birkle 2005)

Wie Sie mit den Settings arbeiten

Die Wahl der Verfahren und Methoden richtet sich u. a. auch nach dem vermuteten bzw. bereits vorab diagnostizierten Themenkreis des Konfliktes (s. o. Ziff. 3.2), der Anzahl der Konfliktbeteiligten und hängt grundsätzlich auch von der Bereitschaft der Konfliktbetroffenen/Konfliktparteien ab, die von Ihnen vorgestellten und vorgeschlagenen methodische Wege mit zu gehen. Die vorgestellten Methoden sind z. T. auch Setting-übergreifend mit geringen Abwandlungen flexibel einsetzbar und kombinierbar. Sie können die jeweiligen Methoden als Bausteine im Rahmen Ihres Konzeptes und der Ihnen für die Konfliktbearbeitung zur Verfügung stehenden Zeit nutzen. Sie können Methoden abwandeln und mit eigenen Materialien und Ideen kombinieren. Auch die geschilderte Abfolge ist kein Muss, sondern soll Anregungen für das eigene Vorgehen bieten.

Flexibel einsetzbar und kombinierbar

4.1 Setting 1: Konflikt-Coaching in Einzelberatung

Die in diesem Setting aufgezeigten Materialien dienen der Vorbereitung und Durchführung von Einzelcoachings zu folgenden Themenbereichen:

- Die Entwicklung persönlicher Balance in Konfliktsituationen unterstützen.
- Kommunikations- und Handlungsfähigkeit in Konfliktsituationen fördern.
- Unterstützen bei der Klärung und Lösung organisationsbezogener Konflikte.

Die Bearbeitung der Themenbereiche ist in die drei Prozess-Schritte

„Einstieg“ **„Lösungsarbeit“** **„Ergebnissicherung“**

gegliedert, denen wiederum Methoden und begleitende Dokumente zugeordnet sind. Einige Methoden und Materialien können Sie in modifizierter Form auch für andere Phasen des Konflikt-Coachings verwenden.

4.1.1 Themenbereich: Die Entwicklung persönlicher Balance in Konfliktsituationen unterstützen

Zielbereich

Konfliktbetroffene werden dabei unterstützt, innere Konflikte, eigene Interessen und persönliche Ziele zu klären und die persönliche Balance in konfliktträchtigen Situationen aufrecht zu erhalten oder auch wieder zu gewinnen. Ziel ist es, persönliche Strategien im Umgang mit inneren und äußeren schwierigen Situationen zu entwickeln und über das Konflikt-Coaching das Selbstmanagement des / der Konfliktbetroffenen zu verbessern.

Konflikte, Interessen, Ziele klären

4.1.1.1 Materialien zur Vorbereitung

Methode Coach
MC

Systemisches Porträt

Beschreibung
In diesem Verfahren geht es darum, dass der / die zu Beratende in Einzelarbeit ein Porträt von sich und den persönlich bedeutsamen Umwelten und Beziehungsnetzen zeichnet.

Ziel
Hierdurch wird das „innere Bild", das die Person von sich und ihren Abhängigkeiten, Wechselbeziehungen und Einflüssen zu ihren relevanten Umwelten hat, deutlich. Konfliktquellen, genutzte und noch nicht genutzte Handlungs- und Gestaltungsspielräume können dadurch sichtbar gemacht, reflektiert und eine persönliche Bilanz gezogen werden.

Durchführung
(1) Besprechen Sie mit dem / der zu Beratenden in einem Vorgespräch (Vorbereitung oder vorausgehende Beratungseinheit) den Sinn und das Ziel dieses Verfahrens.
(2) Stellen Sie eine Verbindung zwischen dem Beratungsanliegen (Konfliktsituation) und dem Verfahren her.
(3 Erklären Sie anhand der Teilnehmeranleitung das Vorgehen (Siehe Abb. 31 AL-Tn: Ein systemisches Porträt anfertigen).
(4) Stellen Sie – falls erforderlich – die nötigen Materialien zur Verfügung.
(5) Bitten Sie Ihren / Ihre KlientIn, das vorbereitete Porträt in das vorgesehene Coachinggespräch mit zu bringen.
(6) Informieren Sie Ihren / Ihre KlientIn, wie Sie in der anschließenden Beratungseinheit mit dem erstellten Porträt weiter arbeiten möchten.

Material
Verschieden farbige Moderations- und / oder Wachsmalstifte und Flip-Chart Papier

Quelle: nach Königswieser / Exner (1999), S. 178 f.

Abb. 30 MC: Systemisches Porträt

Anleitung TeilnehmerIn
AL-Tn

Ein systemisches Porträt anfertigen

Beschreibung
In diesem Verfahren geht es darum, dass Sie ein Porträt von sich und Ihren persönlich bedeutsamen Umwelten und Beziehungsnetzen auf ein großes Blatt Papier (Flip-Chart) zeichnen.

Ziel
Ihr „inneres Bild", das Sie von sich und Ihren Abhängigkeiten, Wechselbeziehungen und Einflüssen mit Blick auf die für Sie bedeutsamen Umwelten und Beziehungen haben, wird deutlich. Konfliktquellen sollen auf diese Weise klarer erkannt und lokalisiert werden. Außerdem können Sie prüfen, wo und welche Handlungs- und Gestaltungsspielräume Sie haben und wo Sie diese noch besser nutzen können.

Vorgehensschritte
(1) Zeichnen Sie sich selbst – als Kreis – in die Mitte des Blattes.
(2) Gruppieren Sie um sich herum, ebenfalls in Form von Kreisen, die für Sie bedeutsamen Umwelten (z. B. Arbeitsplatz, Abteilung, Betrieb, KundInnen, Herkunftsfamilie, eigene Familie / Partnerschaft, Verein, …).
(3) Unterschiede in der Bedeutung, die Sie Ihrer Person und Ihren Beziehungssystemen geben, können Sie durch unterschiedliche Größe (der Kreise) ausdrücken.
(4) Kennzeichnen Sie die verschiedenen Beziehungen jeweils durch kleine Bilder, Symbole (z. B. Sonne, Blitze, Wolken, Regen …) oder andere optische Hervorhebungen. Nutzen Sie hierzu auch verschiedene Farben.
(5) Kennzeichnen Sie den Herausforderung- / Problemcharakter einer Beziehung mit Hilfe eines Stichwortes.
(6) Überlegen Sie, welche Beziehungen aus Ihrer Sicht besonders konfliktbeladen sind und tragen Sie dies in Ihr Porträt ebenfalls mit Hilfe von Symbolen und / oder Stichworten ein.

Material
Verschieden farbige Moderations- und / oder Wachsmalstifte und Flip-Chart Papier.

Auswertung – Bilanz
Nachdem Sie Ihr Systemisches Porträt angefertigt haben ziehen Sie bitte anhand folgender Fragen Bilanz. Bitte notieren Sie sich Ihre Antworten.
(1) Was fällt Ihnen besonders auf? Gibt es etwas, das Sie evtl. vorher so noch nicht oder nicht in dieser Deutlichkeit gesehen haben?
(2) Welche Beziehungen haben aktuell den größten Einfluss? Wie zufrieden / unzufrieden sind Sie damit?
(3) Wodurch fühlen Sie sich beeinträchtigt? Welche Möglichkeiten haben Sie selbst, daran etwas zu ändern? Was haben Sie bereits ausprobiert? Welche Erfahrungen haben Sie dabei gemacht? Welche Konsequenzen haben Sie daraus gezogen?
(4) Welche Aspekte möchten Sie selbst noch weiter klären?
(5) Welche Aspekte möchten Sie in das vereinbarte Beratungsgespräch einbringen?

Quelle: nach Königswieser / Exner (1999), S. 178 f.

Abb. 31 AL-Tn: Ein systemisches Porträt anfertigen

4.1.1.2 Materialien zum Einstieg

Methode Coach
MC

Am Anfang des Flusses

Beschreibung
Anhand der Metapher „Fluss" den Weg zum inneren Konflikt verfolgen und den Standort ermitteln. Die Coachees verdeutlichen ihren Konflikt und versehen ihn mit Attributen und Eigenschaften.

Ziel
Durch die grafische Darstellung eine neue Sicht auf den inneren Konflikt und seinen Kontext gewinnen.

Vorgehen
Lassen Sie Ihren Coachee eine Flusslandschaft zeichnen, beginnend mit dem Hauptfluss. Er / sie soll zunächst die Stelle im Fluss markieren, wo er sich gerade befindet. Anschließend laden Sie ihn / sie dazu ein, Einflussfaktoren (Personen, Konfliktkonstellationen) in Form von Nebenflüssen und Landschaften zu benennen. Arbeiten Sie so lange mit dem Bild, bis alle zentralen Konfliktfaktoren erfasst sind. Bei der Lösungsarbeit können Sie anschließend mit dieser Metapher weiter arbeiten.
Was will Ihr Coachee?

- ❒ Einen langsameren Fluss – einen reißenden Fluss – einen sauberen Fluss?
- ❒ Wo lassen sich Nebenflüsse umleiten? Welche langsamer machen – ihn sauberer machen?

Quelle: Beck / Birkle (2005)

Abb. 32 MC: Am Anfang des Flusses.

Anleitung TeilnehmerIn
AL-Tn

Am Anfang des Flusses

Vorgehen
Nehmen Sie die Abbildung eines Flusses zur Hand, und markieren Sie mit einem Kreis die Stelle im Fluss, die am Besten zum Stadium Ihres Konfliktes passt.

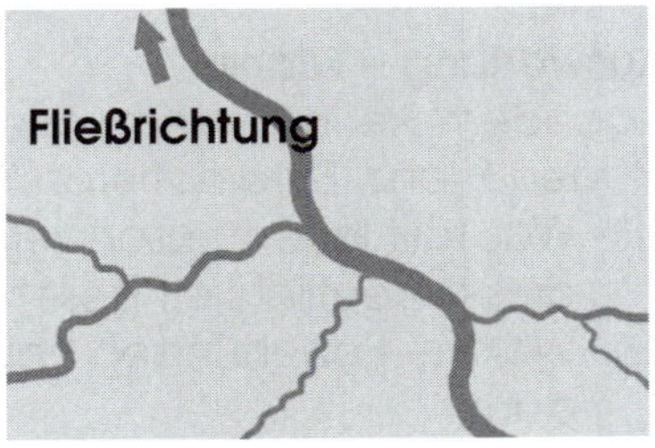

- ❒ Benennen Sie die Nebenflüsse: Was haben sie zum Konflikt beigetragen?
- ❒ Zeichnen Sie Wälder, Wüsten, Urwälder, Berge und Wolken ein, wenn Sie meinen, dass dies Ihren inneren Konflikt konkretisieren hilft!
- ❒ Zeichnen Sie so viele Flüsse ein, wie Sie benötigen! Beginnen Sie bei Bedarf auf einem neuen Blatt.

Materialien
Flip-Chart, Stifte

Quelle: Beck / Birkle (2005)

Abb. 33 AL-Tn: Am Anfang des Flusses.

Methode Coach
MC **Den Kontext eines Konfliktes klären**

Beschreibung
Anhand von Leitfragen werden psychische Vorgänge und äußere Rahmenbedingungen eines Konfliktes verdeutlicht.

Ziel
Eine differenzierte Sicht und Kontextanalyse des Konfliktgeschehens entwickeln

Anleitung zur Einzelarbeit
(1) Informieren Sie Ihren Coachee über das Ziel und den Ablauf der Kontextanalyse.
(2) Laden Sie ihn oder sie ein, sich den (inneren) Konflikt zu vergegenwärtigen und sich so tief wie möglich in die Situation hineinzuversetzen.
(3) Lassen Sie ihn / sie diese Situation / den Konflikt schildern.

Auswertung und Rückmeldung
Reflektieren Sie die Situationsanalyse auf der Metaebene!
❒ Wie hat der Coachee die Durchwanderung der Situation erlebt?
❒ Ist ein neuer Aspekt, eine neue Wahrnehmung, eine neue Empfindung aufgetreten?
❒ Was möchte er / sie beibehalten, was möchte er / sie gerne verändern?
❒ Was könnte Ziel / Ergebnis der Veränderung sein? Was konkret soll anders sein als vorher?
❒ Woran wird er / sie merken, dass er / sie das Ziel erreicht hat?
❒ Was könnte er / sie selbst unmittelbar ändern? Auf was hat er / sie Einfluss?
❒ Was hofft und was befürchtet er / sie, wenn er / sie etwas anders macht als bisher?
❒ Welches Risiko ist damit verbunden? Was könnte passieren?
❒ Welche Auswirkungen, Konsequenzen, Nebenwirkungen kann es haben, wenn er / sie das Ziel erreicht?
❒ Will er / sie diese in Kauf nehmen?
❒ Welche Ressourcen kann er / sie nutzen, um das Ziel zu erreichen? Wann, wo, mit
❒ wem, bei was fängt er / sie an?
❒ Wie könnte ein erster Schritt aussehen?

Geben Sie nun Rückmeldung:
❒ Welche Eindrücke haben Sie gewonnen?
❒ Was ist Ihnen aufgefallen?
❒ Welche Ideen, Anregungen haben Sie?

Quelle: Beck / Birkle (2005)

Abb. 34 MC: Den Kontext eines Konfliktes klären.

Methode Coach
MC

Systemisches Porträt besprechen

Beschreibung
Der / Die KlientIn stellt sein / ihr in der Vorbereitungsphase erarbeitetes Systemisches Porträt vor. Anschließend werden Veränderungsbedarfe herausgearbeitet.

Ziel
Eine differenzierte Vorstellung entwickeln über Veränderungsbedarfe und Gestaltungsmöglichkeiten der Klientin / des Klienten.

Durchführung
(1) Bitten Sie Ihren / Ihre KlientIn in der Einstiegsphase um eine Rückmeldung zu den Erfahrungen, die er / sie bei der Anfertigung des Systemischen Porträts in der Vorbereitung auf diese Beratungseinheit gemacht hat.
(2) Lassen Sie sich die Porträtzeichnung präsentieren und erläutern.
(3) Unterbrechen Sie möglichst nicht und beschränken Sie sich bei der Präsentation auf Verständnisfragen.
(4) Geben Sie ein kurzes Feedback.
(5) Gehen Sie mit Ihrer / Ihrem KlientIn die Notizen zur Auswertung durch. Siehe Abb. 31 AL-Te: Ein systemisches Porträt anfertigen / Auswertung – Bilanz
(6) Klären Sie, was davon ausgehend, in weiteren Verlauf des Beratungsgespräches aufgegriffen und weiter bearbeitet werden soll.
(7) Klären Sie was Ziel dieses Beratungsgespräches sein soll.

Abb. 35 MC: Systemisches Porträt besprechen und Veränderungsprioritäten identifizieren

Methode Coach
MC

Von der Problemrückseite zum Ziel

Beschreibung
Ausgehend von der Problem-/Konfliktbeschreibung werden Ziele und Lösungsschritte herausgearbeitet.

Ziel
Eine Zielvorstellung und erste konkrete, realisierbare Lösungsschritte entwickeln.

Vorgehen
(1) Laden Sie Ihren Coachee/Ihre Teilnehmerin dazu ein, eine Situation zu benennen, die geklärt bzw. für deren Bewältigung eine Zielvorstellung und Lösungswege gefunden werden sollen.
(2) Bitten Sie ihn/sie, zur Situation gehörende Probleme zu benennen. Halten Sie diese auf einem zweispaltigen Flip-Chart fest. Lassen Sie sich zu jedem Problem ein zugehöriges Ziel nennen und notieren Sie dieses in der zweiten Spalte des Flip-Charts.
(3) Nun knicken Sie die „Problemspalte" nach hinten, so dass sich die Spalte mit den Zielen sichtbar im Vordergrund befindet.
(4) Ziele auswählen: Lassen Sie den Coachee/die Teilnehmerin aus der Zielliste eines auswählen, das für sie/ihn besonders nützlich erscheint und richtungweisend ist.
(5) Nutzen – Vorteile: Arbeiten Sie den Nutzen, die Vorteile heraus, die der Coachee/die Teilnehmerin mit der Erreichung dieses Ziels verbindet und zwar für sich selbst, für ihre Arbeitskollegen/innen, den Kunden, die Klienten, den Chef, andere bedeutsame Umwelten.
(6) Zielvideo – Zielinszenierung Bitten Sie den Coachee/die Teilnehmerin ein „mentales" Zielvideo so konkret und detailliert (Ort, Zeit, Beteiligte, Verhaltensweisen, Gedanken, Gefühle, Körperempfindungen, Bilder im Kopf ...) zu beschreiben für den Zeitpunkt der Zielerreichung. Lassen Sie daraus Szenen vorspielen.
(7) Kleine Lösungsschritte: Lassen Sie den Coachee/die Teilnehmerin nun nächste kleine Schritte zu sammeln und beschreiben, die zu dem Ziel hinführen. Was werde ich wie, mit wem, wann und wo tun?
(8) Ressourcen: Welche meiner persönlichen Ressourcen kann ich dabei nutzen? Welche anderen Ressourcen stehen mir zur Verfügung?
(9) Erfolgreich scheitern: Welche Möglichkeiten hat der Coachee/die Teilnehmerin, was könnte sie/er tun, um das Vorhaben sicher/erfolgreich zum Scheitern zu bringen? Welcher Lerngewinn könnte mit einem solchen Scheitern/Rückschritt verbunden sein?
(10) Würdigung von Erfolgen: Wie will der Coachee/die Teilnehmerin einen ersten erfolgreich umgesetzten Lösungsschritt (bzw. das Erreichen des Ziels) würdigen, feiern – mit wem, wo?
(11) Zieltagebuch: Vereinbaren Sie mit Ihrem Coachee bzw. laden Sie dazu ein, auf einer Skala von 0–10 täglich die Nähe zum Ziel einzutragen und sich dazu auch Ereignisse zu notieren.

Vgl. Reichel/Rabenstein (2001), S. 165f.

Abb. 36 MC: Von der Problemrückseite zum Ziel.

4.1.1.3 Materialien zur Lösungsarbeit

Methode Coach
MC

Erwartungsnetzwerk klären

Beschreibung
Klärung von Anliegen / Konflikten mit Hilfe von Symbolen (z. B. Moderationskarten oder Tierfiguren) und Erstellen eines Netzwerks der an die jeweilige Person gerichteten Erwartungen.

Ziel
- ❒ Formen der (Fremd-) Steuerung von außen und eigene motivationale Orientierungen auf symbolhafte Weise transparent machen,
- ❒ neue Handlungsmöglichkeiten erkennen und nutzbar machen.

Einsatzbereiche
Bei inneren Konflikten, Konflikten in Beziehungen, Teams und Organisationen

Durchführung
Stellen Sie Ihrem Klienten / Ihrer Klientin Ziel und Verfahren der Visualisierung eines Erwartungsnetzwerks vor. Beziehen Sie sich dabei auf die Anleitung Abb. 38 AL-TN: Visualisierung eines Erwartungsnetzwerkes.

Auswertung
Bitten Sie um Feedback:
- ❒ Sind weitere Fragen aufgetreten / offen geblieben?
- ❒ Konnte er / sie Anregungen, Ideen aus dieser Beratungseinheit mitnehmen und gegebenenfalls Konsequenzen daraus ziehen?
- ❒ Gibt es Aspekte / Bereiche, an denen die Teilnehmer / innen persönlich weiterarbeiten wollen?

Material
Runde Metaplankarten, Stifte oder ausreichend viele Tierfiguren aus Plastik (Spielwarenladen).

Quelle: Beck / Birkle 2004b

Abb. 37 MC: Erwartungsnetzwerk klären

Anleitung TeilnehmerIn
AL-Tn

Visualisierung eines Erwartungsnetzwerkes

Sondierung der Situation und des Anliegens

a) Versuchen Sie, sich in die Situation hineinzuversetzen, für die Sie eine Klärung möchten. Beschreiben Sie mit wenigen Sätzen die Situation und Ihr Anliegen.
b) Formulieren Sie ein oder zwei Fragen, die Sie klären möchten.

Festlegung und Beschreibung relevanter Personen

Welche Personen spielen aus Ihrer Sicht, mit Blick auf Ihr Anliegen / Problem eine zentrale Rolle? – Bitte notieren Sie die Namen dieser Personen und beschreiben Sie jede mit ein paar Stichworten. Halten Sie dann fest, welche Erwartungen von welcher Person an Sie gerichtet werden.

Person	Beschreibung	Erwartung

Das Erwartungsnetzwerk stellen

Variante A: mit Tierfiguren

a) Wählen Sie für jede Person eine aus Ihrer Sicht passende Tierfigur.
b) Wählen Sie eine Tierfigur für sich selbst.
c) Ordnen Sie nun die Tierfiguren (auf dem Boden oder Tisch) als Erwartungsnetzwerk an.
d) Setzen Sie dazu die Tierfiguren der beteiligten Personen, unter Beachtung von Nähe und Distanz, in Beziehung zu der Tierfigur, die Sie für sich ausgewählt haben.
e) Lassen Sie die Tierfiguren in die Richtung schauen, die Ihrer Wahrnehmung und Ihrem Eindruck am besten entspricht.

Variante A: mit Moderationskarten

a) Schreiben Sie den Namen der Personen auf je eine runde Metaplankarte.
b) Schreiben Sie Ihren Namen ebenfalls auf eine Metaplankarte.
c) Ordnen Sie nun die Karten (auf dem Boden oder Tisch) als Erwartungsnetzwerk an. Dies geschieht in der Weise, dass Sie die Karten der beteiligten Personen, unter Beachtung von Nähe und Distanz, in Beziehung setzen zu Ihrer eigenen Karte.
d) Überprüfen Sie nun nochmals Ihre erste Anordnung. Vergegenwärtigen Sie sich erneut die Erwartungen, die von den beteiligten Personen an Sie gerichtet werden. Verändern Sie gegebenenfalls nochmals die Position der einzelnen Karten, eventuell auch Ihre eigene, bis das Bild für Sie stimmig ist.

Überprüfen Sie nochmals Ihre Anordnung

a) Vergegenwärtigen Sie sich nochmals erneut die Erwartungen, die von den beteiligten Personen an Sie gerichtet werden.
b) Verändern Sie gegebenenfalls die Positionen (Nähe-Distanz, Richtung) einzelner Tierfiguren / Moderationskarten, evt. auch Ihre eigene, bis das Bild für Sie stimmig ist.

Quelle: Beck / Birkle 2004b

Abb. 38 AL-TN: Visualisierung eines Erwartungsnetzwerkes

Methode Coach
MC

Analoge Prozessarbeit mit einem Symbol

Beschreibung
Der / die Konfliktbetroffene wird angeregt, anhand eines gewählten Symbols eine geschilderte Konfliktsituation zu analysieren. Im Rahmen dieses analogen Prozesses soll es dem / der Konfliktbetroffenen ermöglicht werden, Verbindungen zwischen dem Symbol und dem Konflikt herzustellen und mögliche Auswege zu entdecken.

Ziel
Neue Sichtweisen auf das Konfliktgeschehen entwickeln und Lösungswege entdecken.

Durchführung
(1) Informieren Sie die Teilnehmer / innen über den Hintergrund und den Zweck dieses Verfahrens:
Die analoge Prozessarbeit ist ein Verfahren, bei dem es in erster Linie darum geht, in einer bildhaften Sprache, mit Hilfe von Symbolen, eine Problemsituation zu erschließen. Oft fehlen uns die Worte für das, was uns bedrohlich, unbehaglich, unangenehm erscheint. Unsere Eindrücke und Erfahrungen werden wesentlich mehr analog, das heißt anhand von Bildern und verschwommenen Vorstellungen, gespeichert. Auch unsere Wünsche sind uns oft nur zum Teil sprachlich verfügbar. Die Prozessarbeit mit Hilfe eines Symbols kann helfen, einen anderen Zugang und eine neue Sichtweise zu entwickeln.
(2) Informieren Sie Ihren Coachee nun über das Ziel der Einheit.
(3) Stellen Sie anhand der Anleitung den Aufbau und Ablauf der Prozessarbeit vor.
(4) Klären Sie die Bereitschaft Ihres Coachees, in die vorgestellte Prozessarbeit einzusteigen.

Auswertung
❒ Welche Erfahrungen hat der Coachee gemacht?
❒ Gibt es besondere Eindrücke / Resonanzen?
❒ Ist etwas besonders deutlich hervorgetreten?
❒ Sind Veränderungsmöglichkeiten, die im eigenen Einflussbereich liegen, sichtbar geworden?
❒ Gibt es Aspekte / Bereiche, an denen der Coachee persönlich weiterarbeiten will?

Quelle: Nach König / Volmer (1994)

Abb. 39 MC: Analoge Prozessarbeit mit einem Symbol

Methode Coach
MC

Übungsanleitung zur analogen Prozessarbeit mit einem Symbol

Bitten Sie Ihren Coachee sich genauer in die Konfliktsituation zu versetzen.

- ❒ Um welche konkrete Situation geht es?
- ❒ Wo befinden Sie sich?
- ❒ Welche Jahres-/Tageszeit ist es?
- ❒ Wer ist außer Ihnen noch anwesend?
- ❒ Um was geht es?
- ❒ Worüber wird gesprochen?
- ❒ Was wird getan?
- ❒ Wer sagt was zu wem? Wer tut was?

Auswahl eines Symbols

- ❒ Bitte wählen Sie nun ein Symbol, das für die Situation passt, die Sie klären wollen. Es kann auch ein Symbol sein für Ihre Person oder für Ihre Empfindungen, die Sie in dieser Situation haben.
- ❒ Versuchen Sie möglichst spontan, verschiedene Gegenstände zu finden, die Sie als Symbol wählen könnten und entscheiden Sie sich dann spontan für eines.

Arbeit mit dem Symbol

- ❒ Bitte überlegen Sie, und nennen Sie alle Eigenschaften, die Ihnen an diesem Symbol wichtig sind.
- ❒ Fallen Ihnen noch weitere Eigenschaften des Gegenstandes/Symbols ein, die Ihnen wichtig sind?
- ❒ Was bedeutet jede genannte Eigenschaft für Sie?
- ❒ Was tun Sie damit?
- ❒ Was möchten Sie gerne damit machen?
- ❒ Welche Gefühle löst es in Ihnen aus?
- ❒ Welche Gedanken kommen Ihnen dabei?
- ❒ Welche inneren Bilder tauchen auf?

Veränderungsmöglichkeiten testen

- ❒ Was möchten Sie mit dem Symbol am liebsten tun?
- ❒ Was meinen Sie, dass dann passieren wird?
- ❒ Sehen Sie noch andere Möglichkeiten, wie Sie das Symbol verändern möchten?
- ❒ Was glauben Sie, würde passieren, wenn Sie diese Möglichkeit wählen?

Übertragung

- ❒ Was bedeutet das von Ihnen gewählte Symbol/der Gegenstand konkret für die geschilderte Situation?
- ❒ Mit wem oder was verbinden Sie das Symbol, wenn Sie an diese Situation denken?
- ❒ Wie würde sich Ihr Symbol verändern, wenn das Problem für Sie zufrieden stellend gelöst wäre?
- ❒ Wer oder was hindert Sie daran, etwas zu verändern und wie äußert sich das in dem von Ihnen gewählten Symbol?
- ❒ Wer könnte an dieser Situation etwas ändern und wie würde sich das auf Ihr Symbol auswirken?
- ❒ Was könnten Sie selbst tun, um die Situation in Ihrem Sinne zu verändern und wie würde sich das auf das von Ihnen gewählte Symbol auswirken? Wie würde sich das Symbol verändern?

Fortsetzung – Übungsanleitung zur analogen Prozessarbeit ...

Auswertung

- ❒ Ist ein neuer Aspekt, eine neue Wahrnehmung, eine neue Empfindung aufgetreten?
- ❒ Haben Sie eine Idee, eine Perspektive bekommen, wie Sie die Situation konstruktiv verändern könnten?
- ❒ Was könnte Ziel / Ergebnis der Veränderung sein? Was konkret sollte anders sein als vorher / wollen Sie anders machen als vorher?
- ❒ Woran werden Sie merken, dass Sie das Ziel erreicht haben?
- ❒ Was könnten Sie selbst unmittelbar ändern? Auf was haben Sie Einfluss?
- ❒ Was hoffen, was befürchten Sie, wenn Sie etwas anders machen bisher?
- ❒ Welches Risiko gehen Sie ein? Was könnte passieren?
- ❒ Wollen Sie das in Kauf nehmen?
- ❒ Welche Ressourcen können Sie nutzen, um das Ziel zu erreichen? Wann, wo, mit wem, bei was fangen Sie an?
- ❒ Wie könnte ein erster Schritt aussehen?

Quelle Nach König / Volmer (1994)

Abb. 40 MC: Übungsanleitung zur analogen Prozessarbeit mit einem Symbol

Methode Coach
MC

Systemische Haltung – Zwei Seiten einer Medaille

Beschreibung
Eine Konfliktsituation kann nicht nur negative, destruktive Implikationen für das betroffene System (Einzelne, Beziehungen, Teams, Organisationen ...) haben sondern auch ein positives, innovatives Potenzial beinhalten. Mit dieser Übung werden die Kosten- und Nutzensaspekte eines Konfliktes herausgearbeitet.

Ziel
Herausfinden der positiven Funktion eines Konfliktes und Auflösung festgefahrener Wahrnehmung- / Verhaltensmuster

Vorgehen
Stellen Sie im Halbkreis um den Stuhl (Ausgangsposition) des Coachee drei weitere Stühle auf. Ordnen Sie diesen drei Stühlen vermittels entsprechend beschrifteter Moderationskarten die Position „negative Einschätzung", „positive Einschätzung", „Bilanz" zu.
Leiten Sie den Coachee dazu an, in folgenden Schritten vorzugehen:

(1) Schritt: Bitten Sie Ihre Coachee, auf dem Stuhl „negative Einschätzung" Platz zu nehmen. Laden Sie ihn dazu ein, alle negativen Konnotationen zu nennen (bzw. zu notieren), die ihm zu der Konfliktsituation einfallen. Gehen Sie hierbei nach der Methode des Brainstormings vor (vgl. *Beck / Birkle* 2004; 2005).

(2) Schritt: Bitten Sie Ihre Coachee, auf dem Stuhl „positive Einschätzung" Platz zu nehmen. Laden Sie ihn dazu ein, alle positiven Konnotationen zu nennen (bzw. zu notieren), die ihm zu der Konfliktsituation einfallen. Gehen Sie hierbei nach der Methode des Brainstormings vor (vgl. Beck / Birkle 2004; 2005).

(3) Schritt: Bitten Sie Ihren Coachee nun, auf dem Stuhl „Bilanz" Platz zu nehmen und die negativen wie positiven Äußerungen „auf die Waagschale" zu legen bzw. zu bilanzieren. Zu welcher Einschätzung kommt er nun? Was sind seine Gedanken, Gefühle, Absichten, Schlussfolgerungen?

Quelle: Nach Königswieser / Exner (1999), S. 268 f.

Abb. 41 MC: Systemische Haltung – Zwei Seiten einer Medaille

Methode Coach
MC

Konfliktsituationen verflüssigen

Beschreibung
Eine (Konflikt-) Situation wird aus Sicht der Positionen „beschreiben – erklären – bewerten" bearbeitet.

Ziel
Durch Unterscheidungen in der Beschreibung sollen verhärtete Situationswahrnehmungen und Bewertungen aufgelöst und Wahlmöglichen / Lösungsansätze sichtbar werden.

Vorgehen
Bitten Sie den Coachee sich eine zu klärende Situation auszuwählen.
Stellen Sie im Halbkreis um den Stuhl (Ausgangsposition) des Coachee drei weitere Stühle auf. Ordnen Sie diesen drei Stühlen vermittels entsprechend beschrifteter Moderationskarten die Position „beschreiben", „erklären", „bewerten" zu.
Leiten Sie den Coachee dazu an, in folgenden fünf Schritten vorzugehen und begleiten Sie ihn mit Hilfe geeigneter Fragen:

(1) Positionsstuhl „beschreiben": Die (Konflikt-) Situation wird genau dargestellt: Um was geht es? Wer sind die Beteiligten? Was geschieht? Was läuft ab? ...
(2) Position „erklären": Wie kommt es dazu? Was sind Gründe, Hintergründe und Zusammenhänge?
(3) Positionsstuhl „bewerten": Wie positiv / negativ, gut / schlecht, vorteilhaft / schädlich ist das für wen und für was?
(4) Der Coachee nimmt wieder seine Ausgangsposition ein und betrachtet sich die drei durchwanderten Positionen. Welche Auswirkungen hat dies nun für ihn: Gedanken, Gefühle, Ideen, Absichten, ...?
(5) Der Coachee stellt sich hinter seinen Stuhl und schaut auf sich und die drei Beschreibungspositionen? Welche Auswirkungen hat dies nun für ihn: Gedanken, Gefühle, Ideen, Absichten, ...?

Auswertung
Bilanzieren Sie abschließend mit den Coachee, welche Veränderungen sich evtl. in seiner Sichtweise ergeben haben. Sind Lösungsideen deutlich geworden, wenn ja – welche? Wie soll und kann damit weiter gearbeitet werden?

Quelle: nach Reichel / Rabenstein (2001), S. 62f.

Abb. 42 MC: (Konflikt-) Situationen verflüssigen

Methode Coach
MC

Negative Selbstgespräche in positive umwandeln

Beschreibung
Anleitung zur Identifikation und konstruktiven Auseinandersetzung mit negativen Selbstgesprächen. Die Methode bietet sich nach der Bearbeitung persönlicher Anliegen / Ziele an, wenn es darum geht, ins Handeln zu kommen und Selbstzweifel abzubauen.

Ziel
Negative Selbstgespräche bewusst wahrnehmen und eine differenziertere Selbstbewertung entwickeln, die positive Aspekte sichtbar macht.

Vorgehen
Informieren Sie über Hintergrund, Ablauf und Ziel der Methode. Gehen Sie dann wie folgt vor:

(1) Identifizieren Sie negative Selbstgespräche
❐ Unterstützen Sie den Coachee, sich in die Situation zu versetzen, die Besorgtheit oder Selbstzweifel zu formulieren.
❐ Lenken Sie seine Aufmerksamkeit auf die Gedanken, die ihm in dieser Situation durch den Kopf gehen.
❐ Wenn Sie möchten, können Sie ihn folgendermaßen anleiten:
Sie haben ein kleines Männchen, einen „Gedankenfischer", in Ihrem Kopf sitzen. Das Männchen wirft sein Netz aus und hat alle Ihre Gedanken eingefangen. Und nun – hören Sie aufmerksam hin. Der kleine Gedankenfischer wird Ihnen der Reihe nach jeden Ihrer Gedanken ins Ohr flüstern.
Was hören Sie? Welche wichtigen Botschaften können Sie vernehmen?"

(2) Auf den Punkt bringen
❐ Fordern Sie ihn auf, negative, destruktive Gedanken und Selbstabwertungen zu identifizieren, und zwar in Form eines wörtlichen Zitates, das er in einen Satz kleidet.
❐ Beispiel: Vor lauter Aufregung werde ich wieder keinen klaren Gedanken fassen können.

(3) Treten Sie in einen kritischen Dialog mit den negativen Selbstgesprächen
❐ Treten Sie nun – der Reihe nach – mit jeder negativen Selbstbewertung in einen kritischen Dialog. Übernehmen Sie eine Kontraposition. Stellen Sie kritische Fragen, wie z. B.
❐ Ist es sehr wahrscheinlich, dass das gefürchtete Ereignis eintreten wird?
❐ Haben Sie wirklich keine Chance, dem zu entgehen?
❐ Gibt es konstruktivere Möglichkeiten, die Sie ausprobieren könnten?
❐ Hilft es wirklich, immer wieder dieselben Gedanken durchzugehen?
❐ Gibt es Situationen, in denen Sie ganz andere, gute Erfahrungen mit sich gemacht haben?
❐ Was haben Sie in diesen Situationen getan, gedacht?
❐ Gehen Sie jeder Frage, die Sie stellen, gründlich nach!

(4) Entwickeln Sie bewusst Argumente, die der negativen Selbstbewertung widersprechen.
❐ Lassen Sie den Coachee zu jedem Argumente einen Satz formulieren / aufschreiben, der eine positive Selbstbewertung enthält!

Auswertung
(5) Werten Sie nun gemeinsam aus, was Ihr Coachee persönlich Wichtiges an Gedanken, Gefühlen und Erkenntnissen / Einsichten aus der Übung mitnimmt:
❐ Gibt es eine Botschaft, einen Vorsatz, den er mit in den Alltag nimmt?
❐ Was bedeutet das konkret für die Konfliktsituation, für die Selbstbewertung?
❐ Bitten Sie den Coachee, eine positive Suggestion / Selbstbewertung auszuwählen, die er sich zukünftig „einverleiben" möchte.

Quelle: Beck / Birkle (2003)

Abb. 43 MC: Negative Selbstgespräche in positive umwandeln

Methode Coach
MC

Tetralemma

Beschreibung
Das Tetralemma ist ein Schema für Veränderungsmöglichkeiten, anhand dessen verschiedene Positionen eingenommen, zugehörige Problemsichten transparent gemacht und neue Handlungsmöglichkeiten entdeckt werden können.
Insa Sparrer und Matthias Varga von Kibéd (2000, S. 77) beschreiben in ihrer Publikation „Ganz im Gegenteil" das Tetralemma als ein „kraftvolles allgemeines Schema zur Überwindung jeder Erstarrung im schematischen Denken." Das Tetralemma wird gesehen als eine Synthese von schematischem Denken („Schubladendenken") und Querdenken auf höherer Ebene. Die AutorInnen stellen verschiedene Varianten vor, bei denen das Tetralemma als Landkarte für Veränderungsmöglichkeiten hilfreich eingesetzt werden kann. Weniger bewusste oder unvertraute Haltungen und Sichtweisen werden dabei erschlossen und neue Handlungsoptionen sichtbar.

Ziel
Neue Handlungsmöglichkeiten entdecken für scheinbar unvereinbare Gegensätze / Alternativen.

Vorgehen
Lassen Sie Ihren Coachee zwei Standpunkte / Alternativen oder Werte in einem für ihn bedeutsamen Konflikt wählen. Gehen Sie dann folgendermaßen vor.

(1) Bitten Sie Ihn, den Standpunkt, der ihm näher liegt bzw. zu dem er eher tendiert bzw. der seine Haltung am ehesten wieder spiegelt, mit einigen Stichworten zu beschreiben. Dieser Standpunkt erhält die Bezeichnung *„Das Eine"*.

(2) In gleicher Weise, beschreibt der Coachee nun die abgelehnte oder nicht gewählte Position / Alternative. Dieser Standpunkt erhält die Bezeichnung *„Das Andere"*.

(3) Nun begibt sich der Coachee in eine neue, dritte Position – genannt *„Beides"*. Hier geht es gewissermaßen darum, verborgene Werte hinter jedem äußerlich vertretenen Standpunkt zu finden und dazu Ideen, Assoziationen, Stichpunkte zu finden. Dadurch wird die Möglichkeit eröffnet, dass auf einem höheren Niveau des Denkens zuvor scheinbar Unvereinbares und Unmögliches sich näher rücken oder gar zusammen kommen.

(4) Im vierten Schritt charakterisiert der Coachee den Standpunkt, bei dem es weder um „das Eine" noch um „das Andere" geht. Gefragt wird hier nach dem Kontext und den Bedingungen, unter denen das Gegenteil „des Einen" und „des Anderen" für den Coachee von Bedeutung werden könnte. Dieser Standpunkt erhält die Bezeichnung *„Keines von Beiden"*.

(5) Die fünfte Position, bezeichnet als *„all dies nicht – und selbst das nicht"* kann sich aus der Einsicht ergeben, dass die vier zuvor eingenommenen Positionen noch nicht das ganze Erfahrungsspektrum erfassen. Diese Position kann dadurch ermöglicht werden, indem Sie den Coachee dazu einladen, weitere Bedingungen zu entdecken und zu explorieren, die wieder zu neuen Standpunkten führen.

(6) Im sechsten Schritte bitten Sie den Coachee, sich erneut in die Position *„das Eine"* zu versetzen und alle Ideen, Gedanken, Empfindungen, Gefühle und Handlungsimpulse zu beschreiben. Das Gleiche geschieht anschließend aus der Position *„das Andere"* heraus.

(7) Nun bitten Sie den Coachee, aus der Position des Anderen heraus „freundlichen Kontakt" mit der Position „das Eine" aufzunehmen. Danach erfolgt ein Wechsel und aus der Position „des Einen" wird nun ein „freundlicher Kontakt" mit dem „Anderen" aufgenommen. Bitten Sie den Coachee, anschließend zu beschreiben, ob und was sich an seinen Empfindungen geändert hat.

(8) Im achten Schritt können noch weitere „Exkursionen" vorgenommen werden zur dritten und vierte Position, um zusätzliche Einsichten und Perspektiven zu gewinnen. Achten Sie darauf, dass dabei jeweils eine Verbindung, ein Kontakt hergestellt wird zu den vorhergehenden Positionen. Lassen Sie die Eindrücke, die aus diesen Exkursionen mitgebracht werden beschreiben.

Quelle: Sparrer / Varga von Kibéd (2000), S. 77 ff.

Abb. 44 MC: Tetralemma

4.1.2 Themenbereich: Kommunikations- und Handlungsfähigkeit in Konfliktsituationen fördern

Zielbereich
Konfliktbetroffene werden dabei unterstützt, eigene Interessen, Ziele, Kommunikationsmuster und Verhaltensweisen in Konfliktsituationen bewusst wahrzunehmen, zu reflektieren und die eigenen kommunikativen Fähigkeiten zu optimieren.

4.1.2.1 Materialien zur Vorbereitung

Methode Coach
MC

**Beobachtungsprotokoll anfertigen
und auswerten**

Beschreibung
Beobachtung und Protokollierung des eigenen Kommunikationsverhaltens und seiner Wirkungen.

Einsatzbereiche
Geeignet insbesondere dann, wenn vermutet wird, dass durch die Art und Weise der Kommunikation Konflikte provoziert, aufrecht erhalten oder auch eskaliert werden. Einzelcoaching (Team-Coaching).

Ziel
Eigene Kommunikationsmuster und Verhaltensweisen und deren soziale Wirkungen in Konfliktsituationen bewusst wahrnehmen.

Vorgehen
(1) Klären und vereinbaren Sie mit dem Coachee für welche – häufig vorkommende / typische – Konfliktsituation er ein Beobachtungsprotokoll anfertigen soll.
(2) Besprechen Sie mit Ihrem Coachee (bzw. den Teammitgliedern) den Sinn und das Ziel dieses Verfahrens.
(3) Erklären Sie anhand des Beobachtungsprotokollbogens das Vorgehen. (Siehe Abb. 46 AL-Tn: Beobachtungsprotokollbogen
(4) Geben Sie Hinweise, in welcher Form in der nächsten Beratungseinheit mit den protokollierten Ergebnissen weiter gearbeitet werden soll.

Auswertung und Weiterarbeit in einer nachfolgenden Beratungseinheit
(1) Lassen Sie sich anhand des Beobachtungsprotokolls die Ergebnisse darstellen und erläutern. Unterbrechen Sie möglichst nicht und beschränken Sie sich bei der Präsentation auf Verständnisfragen.
(2) Laden Sie den Coachee dazu ein, seine Darstellung zu reflektieren und Bilanz zu ziehen:
(3) Was fällt besonders auf? Gibt es etwas im Kommunikationsverhalten des Coachee, das er evtl. vorher so noch nicht oder nicht in dieser Deutlichkeit wahrgenommen hat?
(4) Wie wirkt sich dieses Verhalten auf wen und was aus? (Beobachtungen? Vermutungen?)
(5) Inwiefern ist dieses Verhalten zielführend – zielbehindernd?
(6) Gibt es Aspekte im Kommunikationsverhaltens des Coachee, für die eine Verhaltensalternative gesucht, entwickelt und ausprobiert werden könnte / sollte?
(7) Welche Möglichkeiten hat der Coachee durch eine Änderung / Variation seines Kommunikationsverhaltens die Beziehungen konstruktiver zu gestalten?
(8) Ist der Coachee fähig und bereit (willens), Verhaltensalternativen auszuprobieren?
(9) Vereinbaren Sie mit dem Coachee, was konkret er mit Blick auf die gewählte Konfliktsituation an seinem Kommunikationsverhalten ändern möchte. Treffen Sie entsprechende Vereinbarungen (Siehe Abb. 62 AL-Tn: Aktivitätenplan).
(10) Spielen Sie gegebenenfalls mit dem Coachee diese Situation durch (Siehe Abb. 49/50 MC: Rollenspiel / Rollentausch).
(11) Geben Sie Ihrem Coachee ein Feedback dazu, was er konkret an seiner Kommunikation noch verbessern kann.

Abb. 45 MC: Beobachtungsprotokoll anfertigen und auswerten

Anleitung TeilnehmerIn
AL-Tn

Beobachtungsprotokollbogen

Notizen zur Konfliktsituation

- ❒ Wann?
- ❒ Wo?
- ❒ Beteiligte?
- ❒ Um was ging es?

Beobachtungen …, Vermutungen …

Eigene Kommunikation	***Wie hat meine Kommunikation auf andere Beteiligte gewirkt?***	***Wie könnte meine Kommunikation auf andere Beteiligte gewirkt haben?***
Was habe ich gesagt?		
In welcher Stimmlage habe ich gesprochen? z. B. laut, leise …)		
Wie habe ich gesprochen? (z. B. zögerlich, hektisch, schnell …)		
Wie war mein Sprechverhalten? (andere ausreden lassen, ins Wort gefallen, unterbrochen?)		
Augenkontakt? (mit wem? Wie?)		
Was ist mir aufgefallen an meinem Gesichtsausdruck (Mimik?)		
Was ist mir aufgefallen an meiner Gestik? (ruhig, starr, hektisch …?)		
Was ist mir aufgefallen an meiner Körperhaltung? (locker, angespannt, verkrampft?)		
Was ist mir aufgefallen an meinen Körperbewegungen? (unruhig, gemächlich, hektisch, abrupt …?)		

Abb. 46 AL-Tn: Beobachtungsprotokollbogen

Methode Coach
MC

Konfliktanalyse vorbereiten

Beschreibung
Ausgangssituation und Konfliktgeschehen werden anhand ausgewählter Dimensionen und Kriterien sondiert.

Einsatzbereich
Insbesondere geeignet, wenn Konfliktbetroffene im Rahmen der Vorbereitung auf ein Konflikt-Coaching oder eine Verhandlungsführung in die systematischen Sondierung und Vorabklärung der Ausgangssituation eingebunden werden sollen.

Ziel
Ein differenziertes Bild von der Ausgangssituation und dem Konfliktgeschehen entwickeln.

Anleitung für den Coach
Wählen Sie entsprechend Ihrer Ersteinschätzung der Ausgangssituation geeignete Fragen aus (Siehe Abb. 18 CL: Systematische Konfliktanalyse).
(1) Besprechen Sie mit dem / den Konfliktbetroffenen den Sinn und das Ziel dieses Vorgehens.
(2) Stellen Sie die von Ihnen ausgewählten Fragen / Checkliste vor.
(3) Bitten Sie den / die Konfliktbetroffenen die grob abgesteckte Ausgangssituation anhand dieser Checkliste zu analysieren.
(4) Geben Sie Hinweise, in welcher Form die Ergebnisse (schriftlich) festgehalten werden sollen.
(5) Informieren Sie, in welcher Form die Ergebnisse in das Beratungsgespräch / die Verhandlung eingebracht werden sollen und wie damit weiter gearbeitet wird.

Abb. 47 MC: Konfliktanalyse vorbereiten

4.1.2.2 Materialien zum Einstieg

Methode Coach
MC

Individuelle Reaktions- und Kommunikationsmuster prüfen

Beschreibung
Anhand der vorbereiteten Konfliktanalyse oder angefertigter Beobachtungsprotokolle werden Ansatzmöglichkeiten zur konstruktiven Veränderung des eigenen Kommunikationsverhaltens identifiziert (Siehe Abb. 47 MC: Konfliktanalyse vorbereiten; Abb. 45 MC: Beobachtungsprotokoll anfertigen und auswerten

Einsatzbereiche
Geeignet insbesondere dann, wenn Wirkungen persönlicher Konfliktreaktionen auf die eigene Person, die Beziehung zu anderen Konfliktparteien/-partnern oder auch auf sonstige Bereiche eines Systems, einer Organisation geklärt und alternative Gestaltungsmöglichkeiten entdeckt und genutzt werden sollen.

Ziel
Eine differenzierte Vorstellung entwickeln über das eigene Konflikterleben, die Wirkungen des eigenen Kommunikationsverhaltens und konstruktive Gestaltungsmöglichkeiten

Anleitung
(1) Lassen Sie sich anhand der vorbereiteten Konfliktanalyse oder des Beobachtungsprotokolls die Ergebnisse darstellen und erläutern (Siehe Abb. 47 MC: Konfliktanalyse vorbereiten; Abb. 45 MC: Beobachtungsprotokoll anfertigen und auswerten; Abb. 46 AL-Tn: Beobachtungsprotokollbogen).
(2) Unterbrechen Sie möglichst nicht und beschränken Sie sich bei der Präsentation auf Verständnisfragen.
(3) Arbeiten Sie mit dem Coachee heraus, welche individuellen Reaktionsmuster in der Art und Weise der eigenen Kommunikation in der Konfliktsituation evtl. zum Ausdruck kommen. Prüfen und reflektieren Sie mit Ihrem Coachee mögliche Auswirkungen dieser Reaktionsmuster auf
  - ❒ die eigene Person (z. B. Selbstbild, Einschätzung eigener Fähigkeiten und Kompetenzen ...)
  - ❒ auf die jeweiligen BeziehungspartnerInnen im Konfliktgeschehen
  - ❒ auf die Beziehung zu anderen Aspekten, Vorgängen und Elementen des Systems, in dem der Konflikt primär angesiedelt ist.

(4) Prüfen und reflektieren Sie mit Ihrem Coachee inwiefern seine Art zu reagieren zielführend – zielbehindernd ist, und was eventuell verändert werden sollte/könnte?
  - ❒ Gibt es Aspekte in der Art und Weise der Konfliktreaktion und -verarbeitung, die optimiert werden könnte?
  - ❒ Gibt es Aspekte im Kommunikationsverhalten für die eine Alternative gesucht, entwickelt und ausprobiert werden könnte/sollte?
  - ❒ Ist der Coachee fähig und bereit (willens), Alternativen auszuprobieren?

(5) Vereinbaren Sie mit dem Coachee was konkret er mit Blick auf die gewählte Konfliktsituation ändern möchte. Treffen Sie entsprechende Vereinbarungen (Siehe Abb.62 AL-Tn: Aktivitätenplan).

Abb. 48 MC: Individuelle Reaktions- und Kommunikationsmuster prüfen

Hier gut einsetzbar sind auch die oben bereits dargestellten Methoden:

Abb. 34 MC: Den Kontext eines Konfliktes klären
Abb. 36 MC: Von der Problemrückseite zum Ziel

4.1.2.3 Materialien zur Lösungsarbeit

Methode Coach
MC

Rollentausch

Beschreibung
Ein / e Konfliktbetroffene / r übernimmt spielerisch die Rolle der anderen Konfliktpartei und agiert aus deren Sicht.

Einsatzbereich
- ❐ Insbesondere bei sozialen Konflikten in Beziehungen, Teams und Organisationen;
- ❐ Einzel-Coaching, angeleitetes kollegiales Coaching in einer Gruppe;
- ❐ Grundsätzlich erforderlich: ausreichend Zeit und hohe Beratungskompetenz, da intensive Erlebnisse ausgelöst werden können.

Ziel
Durch Rollen- und Perspektivenwechsel neue bzw. zusätzliche Handlungsmöglichkeiten für sich selbst entdecken.

Vorgehen
Im Rahmen eines Konfliktklärungsgesprächs, bei dem es um „schwierige", „problematische" Kollegen / innen, Vorgesetzte, d. h. um andere potenzielle Konfliktparteien oder in der Sprache des Psychodramas um den „Antagonisten", geht, können Sie Ihren Coach (im Psychodrama, den „Protagonist") unterbrechen und ihn bitten, die Rolle der betreffenden Person / Partei einzunehmen.

(1) Arrangieren Sie dazu mit Hilfe Ihres Coachee die passenden Rahmenbedingungen:
  - ❐ Sitzordnung oder Aktion im Stehen / Gehen
  - ❐ Wahl und Arrangement von Gegenständen, die den jeweiligen Kontext (Arbeitszimmer, Konferenzsaal ...) lebendig werden lassen.

(2) Laden Sie nun Ihren Coachee dazu ein, aus der Sicht, der Einstellung, der Haltung der übernommenen Rolle heraus und mit den kommunikativen Eigenheiten (z. B. Stimme, Sprechweise, Mimik, Gestik) des Antagonisten das Konfliktgeschehen zu schildern.
(3) Nutzen Sie – sofern sinnvoll – die Möglichkeit mit Ihrem Coachee in der von ihm übernommenen Rolle des Antagonisten ein kurzes Gespräch / ein Interview zu führen. Stellen Sie Fragen, die helfen, dessen Sicht und Erleben noch mehr Ausdruck zu verleihen.
(4) Sind mehrere Konfliktparteien vorhanden, so können Sie Ihren Coachee auch bitten, in weitere Rollen zu schlüpfen und in gleicher Weise zu verfahren.
(5) Bitten Sie Ihren Coachee abschließend wieder die eigene Position und Rolle zu übernehmen und von den gemachten Erfahrungen zu berichten.
(6) Sofern sinnvoll, können Sie mehrfach zu einem Rollenwechsel einladen.

Auswertung und Bilanz
Bilanzieren Sie mit den Coachee, welche Veränderungen sich evtl. in seiner Sichtweise und seinen Bewertungen ergeben haben.
- ❐ Wurden neue, eigene Handlungsmöglichkeiten entdeckt?
- ❐ Sind Lösungsideen deutlich geworden, wenn ja – welche?
- ❐ Wie soll und kann damit weiter gearbeitet werden?

Quelle: Tradition Psychodrama; siehe auch detaillierte Anleitung zum Rollenspiel in Beck / Birkle (2005)

Abb. 49 MC: Rollentausch

Methode Coach
MC

Rollenspiel mit Feedback

Beschreibung
Einübung von kommunikativen Fähigkeiten.

Einsatzbereich
Zur Vorbereitung konkreter Situationen, wie z. B. Konfliktgespräche, Feedbackgespräche, Verhandlungsgespräche.

Ziel
Gezielte, bedarfsorientierte Optimierung kommunikativer Fähigkeiten

Vorgehen
Unterscheiden Sie zwischen einer Spielphase, in der Sie mit dem Coachee eine Situation durchspielen und einer Reflexionsphase, in der die Metaebene eingenommen wird.
In der Spielphase können Sie den Coachee sich selbst spielen lassen und Sie das gedachte Gegenüber, oder aber Sie lassen den Coachee in die Rolle seines Partners wechseln und Sie nehmen die Coacheerolle ein. Je nachdem, ob es mehr um das Einüben von zukünftigem Verhalten oder um das Einfühlen in den Gesprächspartner geht, sollten Sie dem Coachee den Wechsel oder Verbleib in der eigenen Rolle vorschlagen.

Reflexion
Stellen Sie in der Reflexionsphase bewusst eine Distanz zwischen Rolle und Person her, damit es zu keiner Vermischung von Rolle und Alltag kommt. Fragen Sie den Coachee, wie es ihm in seiner Rolle erging. Machen Sie beim Feedback deutlich, was der Coachee gut gemacht hat, an welchen Stellen er sein Verhalten noch optimieren könnte.

Quelle: Detaillierte Anleitung zum Rollenspiel und zur Gestaltung des Feedback in Beck / Birkle (2005)

Abb. 50 MC: Rollenspiel mit Feedback

Methode Coach
MC

Positions- und Perspektivenwechsel

Beschreibung
Eine soziale Konfliktsituation wird aus der „Ich", „Du" und „Meta-Position" betrachtet.

Ziel
Durch Positionswechsel soll dem Coachee ermöglicht werden eigene, neue bzw. zusätzliche Handlungsmöglichkeiten zu entdecken.

Vorbereitung und Einführung
(1) Stellen Sie die Methode vor und führen Sie die Meta-Position ein. Machen Sie deutlich, dass die Meta-Position, als eine distanzierte und neutrale Position vor allem in komplizierten, verwickelten Konflikten Möglichkeiten eröffnet, neu zu denken und zu fühlen.
(2) Platzieren Sie drei entsprechend beschriftete Moderationskarten (alternativ Stühle)
❐ Ich
❐ Du
❐ Meta-Position
so auf dem Boden, dass später darauf stehend Position bezogen werden kann.

Anleitung
Der Coachee / Teilnehmer benennt die Situation, die er klären möchte und durchläuft angeleitet und begleitet von Ihnen als Coach / TrainerIn folgende Schritte:
Der Coachee / Teilnehmer
(1) stellt sich auf die „Ich-Position", schaut zum „Du" und beschreibt, wen und was er sieht. Er achtet dabei auf seine Gefühle, Einstellungen, Wertungen und beschreibt diese anschließend.
(2) wechselt auf die „Du-Position", schaut zum „Ich" und beschreibt, wen und was er sieht. Er achtet dabei auf seine Gefühle, Einstellungen, Wertungen und beschreibt diese anschließend.
(3) wechselt – sofern – sinnvoll einige Male zwischen Ich und Du Position.
(4) bezieht dann die Meta-Position und beschreibt, welche Beziehung er aus dieser Sicht sieht, wie er diese sieht, was ihm auffällt. welchen Tipp er den beiden – Ich, Du – geben möchte.
(5) wechselt wieder in die Ich und Du Position und prüft, ob die aus der Metaposition gegebenen Tipps und Anregungen angenommen werden können und nützliche Lösungshinweise enthalten.

Hinweis:
❐ Laden Sie den Coachee / Teilnehmer gerade bei verwickelten, komplexen Situationen auch zwischendurch dazu ein, die Meta-Position einzunehmen und sich damit von der Situation zu lösen, zu „dissoziieren".
❐ Nehmen Sie selbst als Coach / TrainerIn zwischendurch diese Meta-Position ein und beschreiben Sie aus dieser neutralen Perspektive ihre Wahrnehmungen.

Auswertung und Bilanz
Bilanzieren Sie abschließend mit den Coachee
(1) welche Veränderungen sich evtl. in seiner Sichtweise ergeben haben.
(2) Sind Lösungsideen deutlich geworden, wenn ja – welche?
(3) Wie soll und kann damit weiter gearbeitet werden?
(4) Was kann er / sie konkret zu einer Lösung beitragen?

Quelle: NLP-Tradition, nach Reichel / Rabenstein (2001)

Abb. 51 MC: Positions- und Perspektivenwechsel

Methode Coach
MC

Mentales Modelllernen

Beschreibung
Der Coach/die Beraterin leitet zu einem themenbezogenen Verfahren an, das sich auch zu Hause praktizieren lässt. In dem Verfahren visualisieren die Coachees/Klienten eine konfliktträchtige Situation und stellen sich vor, wie eine ihnen bekannte kompetente Person diese erfolgreich bewältigt.

Einsatzbereich
Das Verfahren eignet sich sehr gut, wenn zuvor eine Lösung entwickelt wurde, deren Umsetzung aber noch etwas Mut erfordert.

Ziel
Coachees vergegenwärtigen sich am Modell einer ihnen bekannten kompetenten Person, wie sie eine konfliktträchtige Situation erfolgreich bewältigen können.

Angeleitete mentale Übung
Beginnen Sie wenn möglich mit einer Entspannungsübung (Anregungen und Anleitungen hierzu in *Beck/Birkle* 2003; 2004b) und fahren Sie anschließend mit folgender Anleitung fort:

Sprechtext
Wählen Sie eine Ihnen sympathische Person, von der Sie wissen/annehmen, dass sie die Situation erfolgreich bewältigen wird. Diese Person kann aus Ihrem Freundes- oder Bekanntenkreis sein, es kann aber auch eine öffentlich bekannte Person sein. Falls Sie mehrere Personen vor sich sehen, entscheiden Sie sich nun für eine. Dabei ist es sehr wichtig, dass diese nicht nur kompetent, sondern auch sympathisch ist. Wenn Sie eine Person ausgewählt haben, versetzen Sie sich nun genauer in die Situation und Person.
Stellen Sie sich nun konkret und detailliert vor, wie die von Ihnen gewählte kompetente und sympathische Person sich auf die Situation vorbereitet, in die Situation hineingeht, die erforderlichen Aufgaben/Tätigkeiten erfolgreich anpackt und bewältigt.

Achten Sie dabei auf alle Einzelheiten:
- ❐ *Die äußeren Umstände,*
- ❐ *Körperhaltung,*
- ❐ *Bewegungen,*
- ❐ *Gestik,*
- ❐ *Gesichtsausdruck,*
- ❐ Selbstgespräche, Gefühle,
- ❐ *Körperempfindungen.*

Stellen Sie sich in allen Einzelheiten vor, was diese Person tut, was sie sagt, was sie denkt, um mit Erfolg und zufrieden die Situation zu bewältigen.
Wechseln Sie nun Ihren Blick und stellen Sie nun Sie sich selbst in dieser Situation vor, die Sie bewältigen wollen.
Schlüpfen Sie nun wie ein Schauspieler/eine Schauspielerin in die Rolle der Person, die Sie sich zuvor vorgestellt haben. Versuchen Sie, sich in dieser Rolle genau so zu verhalten, so zu denken, zu fühlen wie diese Person. Achten Sie insbesondere auf Ihre Gedanken und Gefühle in den kritischen Augenblicken. Nehmen Sie dann genau wahr, wie sich diese Gedanken und Gefühle verändern, wenn Sie die Situation gemeistert haben.
Genießen Sie noch einen Moment, wie Sie diese Aufgabe bewältigen.
Kommen Sie jetzt in die Gruppe zurück, ballen Sie Ihre Hände zu Fäusten, atmen Sie tief durch, dehnen und räkeln Sie sich und öffnen Sie dann langsam die Augen.

Fortsetzung – Mentales Modelllernen

Vorbereitung der Hausaufgabe

(1) Teilen Sie die Übungsanleitung „Mentales Modelllernen" (siehe Abb. 53) für die Durchführung zuhause aus und gehen Sie diese mit Ihrem Coachee durch.

(2) Besprechen Sie offene Fragen.

(3) Fragen Sie nach Interesse / Bereitschaft der Coachees, dieses Verfahren auszuprobieren. Gehen Sie auf Bedenken ein.

(4) Machen Sie darauf aufmerksam, bei der Auswahl der Modellperson nicht nur auf deren Kompetenz zu achten, sondern auch darauf, dass diese Person sympathisch ist.

Nachbereitung

Lassen Sie den Coachee beim nächsten Treffen berichten, welche Erfahrungen er mit der Methode gemacht hat!

Abb. 52 MC: Mentales Modelllernen

Anleitung TeilnehmerIn
AL-Tn

Übungsanleitung Mentales Modelllernen

So gehen Sie vor

(1) Wählen Sie eine Ihnen sympathische Person, von der sie wissen / annehmen, dass Sie die Situation erfolgreich bewältigen wird.

(2) Versetzen Sie sich mit einer Entspannungsmethode Ihrer Wahl in einen angenehmen Zustand.

(3) Stellen Sie sich nun konkret und detailliert vor, wie die von Ihnen gewählte kompetente Person sich auf die Situation vorbereitet, in die Situation hineingeht, die erforderlichen Aufgaben / Tätigkeiten erfolgreich anpackt und bewältigt. Achten Sie dabei auf alle Einzelheiten: Die äußeren Umstände, Körperhaltung, Bewegungen, Gestik, Gesichtsausdruck, Selbstgespräche, Gefühle, Körperempfindungen. Stellen Sie sich in allen Einzelheiten vor, was diese Person tut, was sie sagt, was sie denkt, um mit Erfolg und zufrieden die Situation zu bewältigen.

(4) Beginnen Sie mit Ihrer Vorstellung immer vor dem Zeitpunkt, an dem Sie bei sich selbst die ersten Probleme merken (zu einem Zeitpunkt, wenn Sie noch in einem angenehmen entspannten Zustand sind): Zerlegen Sie die Zeit vor, während und nach dem Ereignis zunächst in einzelne Phasen.
Beispiel: eine Woche – einen Tag – der Abend vor dem Ereignis – Aufwachen am Tag des Ereignisses – der Weg zum Ort des Geschehens – Betreten des Ortes / Raumes – 1 / 2 Stunde vor Ende – Ende – die erste Stunde danach – der Abend / Morgen danach ...

(5) Lassen Sie diesen Zyklus – einem Film vergleichbar – ein- oder zweimal vor Ihrem inneren Auge ablaufen. Schlüpfen Sie nun wie ein Schauspieler / eine Schauspielerin in die Rolle dieser Person. Versuchen Sie, sich in dieser Rolle genau so zu verhalten, so zu denken, zu fühlen wie diese Person. Achten Sie insbesondere auf Ihre Gedanken und Gefühle in den kritischen Augenblicken. Nehmen Sie dann genau wahr, wie sich diese Gedanken und Gefühle verändern, wenn Sie die Situation gemeistert haben.

(6) Kehren Sie nun in die Alltagswirklichkeit zurück. Sie kennen nun den Ablauf und die Kompetenzen, auf die es ankommt und werden sich mit größerer Sicherheit bei der Umsetzung in den Alltag verhalten.

Wiederholung

Wiederholen Sie diese Übung drei- bis viermal pro Woche, um einen spürbaren Trainingseffekt zu erreichen.

Abb. 53 AL-Tn: Übungsanleitung Mentales Modelllernen

Hier gut einsetzbar sind auch die oben bereits dargestellten Methoden:

Abb. 37	MC: Erwartungsnetzwerk klären
Abb. 38	AL-TN: Visualisierung eines Erwartungsnetzwerkes
Abb. 39	MC: Analoge Prozessarbeit mit einem Symbol
Abb. 40	MC: Übungsanleitung zur analogen Prozessarbeit mit einem Symbol
Abb. 41	MC: Systemische Haltung – Zwei Seiten einer Medaille
Abb. 42	MC: (Konflikt-) Situationen verflüssigen

4.1.3 Themenbereich: Unterstützen bei der Klärung und Lösung organisationsbezogener Konflikte

Zielbereich
Konfliktbetroffene werden dabei unterstützt Konflikte im Kontext einer Organisation, ihrer Rahmenbedingungen, Strukturen und ihrer Kultur differenziert zu sehen, konfliktträchtige Zusammenhänge und Einflüsse zu identifizieren und angemessene Gestaltungs- und Interventionsmöglichkeiten zu entwickeln.

4.1.3.1 Materialien zur Vorbereitung

Methode Coach
MC — **Subjektive Organisationsanalyse**

Beschreibung
Anhand von Leitfragen wird das innere Bild der eigenen Organisation erarbeitet.

Ziel
Eine differenzierte Sicht und Einschätzung eigener Organisationserfahrungen und eine Vorstellung von möglichen Konfliktquellen und wechselseitigen Beeinflussungsprozessen gewinnen.

Einführung
(1) Besprechen Sie mit dem Coachee (dem / der Konfliktbetroffenen) den Sinn und das Ziel dieses Verfahrens.
(2) Erklären Sie anhand der Leitfragen das Vorgehen (Siehe Abb. 55 AL-Tn: Anleitung Subjektive Organisationsanalyse).
(3) Lassen Sie anhand der Anleitung die Subjektive Organisationsanalyse vornehmen (evtl. auch als „Hausaufgabe").

Auswertung und Weiterarbeit
(1) Lassen Sie sich die Ergebnisse vorstellen und erläutern. Unterbrechen Sie möglichst nicht und beschränken Sie sich bei der Präsentation auf Verständnisfragen.
(2) Laden Sie den Coachee dazu ein, seine Darstellung zu reflektieren und Bilanz zu ziehen:
(3) Welche Bereiche (Strukturen, Regelungen und Abläufe ...) sind aus Ihrer Sicht konstruktiv und erhaltenswert?
(4) Wo sehen Sie vorhandene bzw. auch potenzielle Konfliktfelder? Inwieweit beeinflussen sich diese wechselseitig?
(5) In welchen Bereichen und mit Blick auf welche Personen sehen Sie Ansatz- / Interventionsmöglichkeiten für konstruktive Möglichkeiten einer Konfliktbewältigung oder auch -vorbeugung?
(6) Welche Rolle und welche Gestaltungsmöglichkeiten haben (hatten) Sie selbst in diesem Zusammenhang?
(7) Unterstützen Sie den Coachee bei der konkreten Aktionsplanung.

Abb. 54 MC: Subjektive Organisationsanalyse

Anleitung TeilnehmerIn
AL-Tn

Anleitung Subjektive Organisationsanalyse

Aufbauorganisation / Formalstruktur

a. Skizzieren Sie den Aufbau und die Gliederung der (Gesamt-) Organisation, in der Sie.
b. Arbeiten und ordnen Sie Ihren Arbeitsbereich (Teilorganisation) ein.
c. Kennzeichnen Sie Ihre Stellung / Position innerhalb dieser Struktur.

Ziele

a. Welches sind die offiziell vertretenen Ziele der Organisation?
b. Was für andere (informelle) Ziele werden von wem angestrebt?
c. Wer unterstützt die jeweiligen Ziele und wer sucht sie zu verhindern?
d. Welches Konfliktpotenzial ist damit verbunden?

Normen

a. Welches sind die wichtigsten Normen innerhalb der Organisation?
b. Welches sind die positiven Sanktionen (Belohnungen) und die negativen Sanktionen (Strafen), durch welche diese Normen in der Organisation aufrechterhalten werden?
c. Welches Konfliktpotenzial ist damit verbunden?

Macht und Einfluss

a. Wer verfügt über starken Einfluss bzw. reale Macht in der Organisation?
b. Inwieweit deckt sich dies mit der formalen Position bzw. mit der jeweiligen Stellung in der Hierarchie (s. Punkt 1)?

Kommunikation

a. Welches sind die häufigsten Kommunikationsmuster innerhalb der Organisation (d. h. wer hat öfter Kontakt mit wem? – formell / informell)?
b. Zeichnen Sie eine Skizze der formellen und informellen Kommunikationskanäle.
c. Welches Konfliktpotenzial ist damit verbunden?

Entscheidungen

a. Wie laufen die Entscheidungsprozesse ab? Welche Entscheidungsarten werden bevorzugt?
b. autoritär ohne vorherige Diskussion
c. autoritär trotz vorheriger Diskussion
d. demokratisch (durch Diskussion und Abstimmung)
e. Hinausschieben von Entscheidungen
f. Sonstiges ....
g. Welches Konfliktpotenzial ist damit verbunden?

Identität / Grenzen

a. Was gibt der Organisation ihre Eigenart und Besonderheit?
b. Wie wird diese Eigenart betont und gepflegt?
c. Wie werden insbesondere die Grenzen nach außen aufrechterhalten?
d. Welches Konfliktpotenzial ist damit verbunden?

Betriebsklima

a. Wie erleben Sie das Klima in der Organisation?
b. Versuchen Sie, es mit Eigenschaftswörtern zu umschreiben.
c. Stellen Sie es symbolisch in einem Bild dar bzw. versuchen Sie dafür eine bildliche Vorstellung zu finden.
d. Welches Konfliktpotenzial ist damit verbunden?

Fortsetzung – Anleitung Subjektive Organisationsanalyse

Bilanz

a. Welche Bereiche (Strukturen, Regelungen und Abläufe …) sind aus Ihrer Sicht konstruktiv und erhaltenswert?
b. Wo sehen Sie vorhandene bzw. auch potenzielle Konfliktfelder? Inwieweit beeinflussen sich diese wechselseitig?
c. In welchen Bereichen und mit Blick auf welche Personen sehen Sie Ansatz-/Interventionsmöglichkeiten für konstruktive Möglichkeiten einer Konfliktbewältigung oder auch -vorbeugung?
d. Welche Rolle und welche Gestaltungsmöglichkeiten haben (hatten) Sie selbst in diesem Zusammenhang?

Quelle: Beck/Schwarz (2006)

Abb. 55 AL-Tn: Anleitung Subjektive Organisationsanalyse

Weitere in diesem Kontext geeignete Methoden:

Abb. 30 MC: Systemisches Porträt
Abb. 31 AL-Tn: Ein systemisches Porträt anfertigen
Abb. 47 MC: Konfliktanalyse vorbereiten

4.1.3.2 Materialien zum Einstieg

Methode Coach
MC

Kraftfeldanalyse

Beschreibung
Anhand von Leitfragen werden Dynamiken und Kräfteverhältnisse bei Veränderungen analysiert und visualisiert.

Ziel
Konfliktquellen und -dynamiken bei Veränderungsvorhaben/-projekten ausfindig machen und Interventionsmöglichkeiten erkennen.

Einführung
(1) Besprechen Sie mit dem Coachee (der/der Konfliktbetroffenen) den Sinn und das Ziel dieses Verfahrens.
(2) Erklären Sie anhand der Leitfragen das Vorgehen.
(3) Lassen Sie anhand der Anleitung eine Kraftfeldanalyse vornehmen (evtl. auch als „Hausaufgabe").

Auswertung und Weiterarbeit
(1) Lassen Sie sich die Ergebnisse vorstellen und erläutern. Unterbrechen Sie möglichst nicht und beschränken Sie sich bei der Präsentation auf Verständnisfragen.

(2) Laden Sie den Coachee dazu ein seine Darstellung zu reflektieren und Bilanz zu ziehen:
- ❐ Was fällt Ihnen besonders auf? Gibt es etwas, das Sie evtl. vorher so noch nicht oder nicht in dieser Deutlichkeit gesehen haben?
- ❐ Welche Beziehungen haben aktuell den größten Einfluss? Wie wirken sich diese auf das Veränderungsvorhaben aus?
- ❐ Wer wird in welcher Weise davon tangiert?
- ❐ Welche Möglichkeiten haben Sie selbst das Beziehungsgeflecht mit Blick auf das Vorhaben positiv zu beeinflussen?
- ❐ Auf welche Ressourcen können Sie zurückgreifen?

(3) Unterstützen Sie den Coachee bei der konkreten Aktionsplanung:
- ❐ Welche spezifischen Strategien kommen in die engere Auswahl?
- ❐ Welche konkreten Aktionen können dazu beitragen, das Beziehungsgeflecht im Sinne des Vorhabens konstruktiv zu beeinflussen?

(4) Unterstützen Sie den Coachee bei der konkreten Aktionsplanung:

Abb. 56 MC: Kraftfeldanalyse

Methode Coach
MC

Anleitung Kraftfeldanalyse

So gehen Sie vor
Überprüfen Sie bitte anhand nachfolgender Fragen, welche Kräfte sich positiv / negativ auf das anstehendes Veränderungsprojekt auswirken könnten.

Ziel
Was sind die drei wichtigsten Ziele, die mit dem Projekt erreicht werden sollen?

Identifikation
a. Wo liegt die ownership / Wer hat die Verantwortung?
b. Wer betrachtet das Projekt als seine „Sache"?
c. Welche Personen sind am Erfolg interessiert und auch bereit sich persönlich dafür einzusetzen?

Macht
a. Wer hat welchen Einfluss auf das Geschehen?
b. Welches sind die für das Projekt bedeutsamen Schlüsselhierarchien?
c. Wer sind die informellen „Opinion-Leader" und wie können Sie gewonnen werden?

Kräftefeld (siehe Abbildung unten)
a. Welches sind die unterstützenden Einflüsse?
b. Welches sind die hindernden Einflüsse?
c. Welche Konsequenzen resultieren aus Ihrer Sicht aus dem Kräftefeld für die Umsetzbarkeit von Maßnahmen?

Hindernde Kräfte? ***Unterstützende Kräfte?***

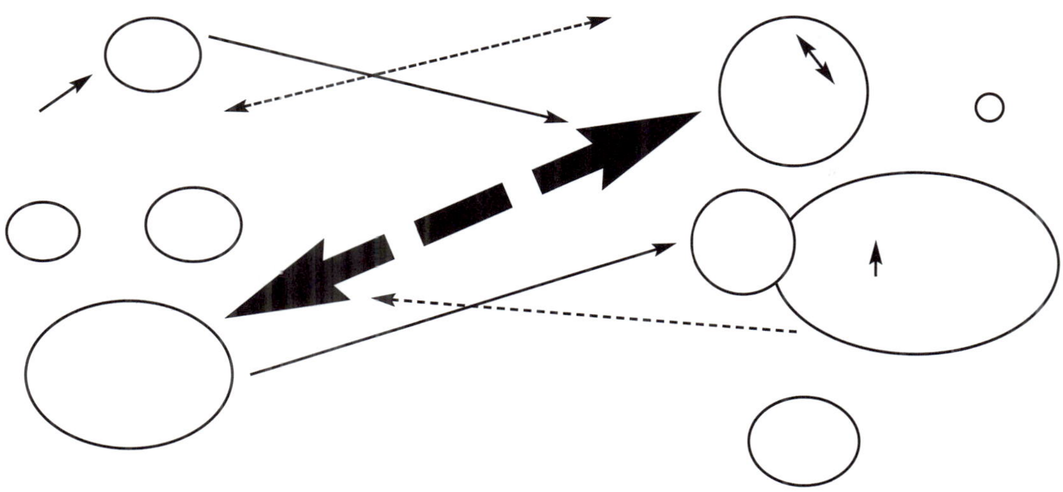

Welche Konsequenzen resultieren aus Ihrer Sicht aus dem Kräftefeld für die Umsetzbarkeit des Veränderungsvorhabens?

Quelle: nach Doppler / Lauterburg (1995)

Abb. 57 AL-Tn: Anleitung Kraftfeldanalyse

Zu weiteren, hier einsetzbaren Methoden siehe oben:

Abb. 54 MC: Subjektive Organisationsanalyse
Abb. 35 MC: Systemisches Porträt besprechen und Veränderungsprioritäten identifizieren
Abb. 36 MC: Von der Problemrückseite zum Ziel

4.1.3.3 Materialien zur Lösungsarbeit

Methode Coach
MC

Projekt-Umwelt-Analyse

Beschreibung
Bei Konflikten im Kontext von Veränderungsprojekten wird die Vernetzung des Projektes mit relevantem Umfeld sichtbar gemacht.

Ziel
Konfliktpotenziale und Gestaltungsmöglichkeiten erkennen und für die Strategieplanung nutzen.

Einsatzbereiche
❒ Insbesondere in der Vorbereitungs- / Startphase eines Projektes, um frühzeitig Wirkungszusammenhänge und Einflüsse der für das Projekt bedeutsamen Umwelten bewusst zu machen.
❒ Strategien der Beziehungsgestaltung entsprechend daraufhin abzustimmen und konkrete Aktionspläne und Maßnahmen zu konzipieren.
❒ in akuten Krisen- / Konfliktsituationen eines Projektes.

Einführung
(1) Besprechen Sie mit Ihren Coachee bzw. dem Team den Sinn und das Ziel dieses Verfahrens.
(2) Erklären Sie das Vorgehen (siehe Durchführung und Anleitung).
(3) Stellen Sie – falls erforderlich – die nötigen Materialien zur Verfügung.

Durchführung und Anleitung
(4) Lassen Sie Ihren Coachee bzw. das Team anhand folgender Anleitung eine graphische Darstellung der Projekt-Umfeld-Beziehungen anfertigen:
  a. Zeichnen Sie das Projekt, um das es geht – als Kreis – in die Mitte des Blattes.
  b. Gruppieren Sie um das Projekt herum, ebenfalls in Form von Kreisen die für das Projekt bedeutsamen Umwelten (z.B. Projektteam, einzelne MitarbeiterInnen, Ressourcen, KundInnen, Zulieferer ...).
  c. Unterschiede in der Bedeutung der jeweiligen Umwelten für das Projekt können Sie durch unterschiedliche Größe (der Kreise) ausdrücken.
  d. Kennzeichnen Sie die verschiedenen Beziehungen jeweils durch kleine Bilder, Symbole (z. B. Sonne, Blitze, Wolken, Regen ...) oder andere optische Hervorhebungen. Nutzen Sie hierzu auch verschiedene Farben.
  e. Kennzeichnen Sie den Unterstützungs- / Problemcharakter einer Beziehung mit Hilfe eines Stichwortes.
  f. Überlegen Sie welche Beziehungen aus Ihrer Sicht besonders konfliktbeladen sind (werden könnten) und tragen Sie dies in Ihre Darstellung ebenfalls mit Hilfe von Symbolen und / oder Stichworten ein.

Fortsetzung – Projekt-Umwelt-Analyse

Auswertung und Weiterarbeit

(5) Lassen Sie sich die graphische Darstellung präsentieren und erläutern. Unterbrechen Sie möglichst nicht und beschränken Sie sich bei der Präsentation auf Verständnisfragen.

(6) Laden Sie den Coachee, die Teammitglieder dazu ein ihre Darstellung zu reflektieren und Bilanz zu ziehen:

- ❒ Was fällt Ihnen besonders auf? Gibt es etwas, das Sie evtl. vorher so noch nicht oder nicht in dieser Deutlichkeit gesehen haben?
- ❒ Welche Beziehungen haben aktuell den größten Einfluss? Wie wirken sich diese auf das Projekt aus?
- ❒ Wer wird in welcher Weise davon tangiert?
- ❒ Welche Möglichkeiten haben Sie selbst das Beziehungsgeflecht mit Blick auf das Projekt positiv zu beeinflussen?
- ❒ Auf welche Ressourcen können Sie zurückgreifen?

(7) Unterstützen Sie den Coachee / die Teammitglieder bei der konkreten Aktionsplanung:

- ❒ Welche spezifischen Strategien kommen in die engere Auswahl?
- ❒ Welche konkreten Aktionen können dazu beitragen das Beziehungsgeflecht im Sinne des Projektes konstruktiv zu beeinflussen?

Quelle: Nach Königswieser / Exner (1999), S. 196f.

Abb. 58 MC: Projekt-Umwelt-Analyse

Insbesondere folgende Methoden sind entsprechend angepasst auch hier einsetzbar:

Abb. 50 MC: Rollenspiel mit Feedback
Abb. 51 MC: Positions- und Perspektivenwechsel
Abb. 71 MC: Szenario-Technik

4.1.4 Materialien zur Ergebnis-Sicherung

Methode Coach
MC

Reflexionsgespräch und Bilanz

Beschreibung
Anhand von Fragen wird die Reflexion von Erkenntnissen und neuen Sichtweisen, die im Coaching gewonnen wurden, angeregt und geleitet.

Ziel
Im Coaching gewonnene neue Sichtweisen und persönlich wichtige Aspekte fokussieren und persönliche Konsequenzen ziehen.

Vorgehen
(1) Lassen in der Abschlussphase der Coachingeinheit neue Sichtweisen, neue Aspekte und Lösungsmöglichkeiten, die sich im Beratungsablauf ergeben haben, herausarbeiten und festhalten.
(2) Klären Sie, welche der entwickelten und festgehaltenen Lösungen bzw. Lösungsschritte zunächst realisiert werden sollen (gewichten, Prioritäten setzen lassen).
(3) Unterstützen Sie den Coachee in der Konkretisierung und Kontextualisierung" dieser Lösungsschritte:
- ❒ Was genau ist zu tun?
- ❒ Wie soll es getan werden?
- ❒ Wer ist gegebenenfalls einzubinden?
- ❒ In welcher / welchen Situation / en? Wann, bis wann?
- ❒ Mögliche erwünschte / nicht erwünschte Wirkungen und Konsequenzen?
- ❒ Mögliche Hindernisse und wie damit umgegangen werden kann?
- ❒ Welche Ressourcen (Einfluss, persönliche Kompetenzen, soziale Unterstützung ...) können / sollen dabei genutzt werden?

Abb. 59 MC: Reflexionsgespräch und Bilanz

Methode Coach
MC

Einen Brief an sich schreiben

Beschreibung
Der / die TeilnehmerIn bzw. der Coachee schreibt einen Brief an sich.

Ziel
Gewonnene Einsichten und Veränderungspläne festhalten und wieder in Erinnerung bringen.

Vorgehen
Wichtige im Coaching gewonnene Einsichten, Gedanken, Gefühle, Veränderungspläne, konkrete Vorhaben werden am Ende einer Coaching-Einheit als Brief an sich selbst schriftlich festgehalten. Es wird eine Absprache getroffen, wann und in welcher Weise der Brief seinen Adressaten erreicht.

Quelle: Nach Reichel / Rabenstein (2001), S. 70

Abb. 60 MC: Einen Brief an sich schreiben

Methode Coach
MC

Aktivitätenplan

Beschreibung
Absichten, Aktivitäten und Handlungsschritte formulieren, die sich aus der Coaching-Einheit ergeben und Vereinbarungen treffen.

Ziel
Konkrete persönliche Konsequenzen aus der Coaching-Einheit ziehen.

Anleitung
(1) Klären Sie mit dem Coachee in der Abschlussphase der Coachingeinheit, welche der entwickelten und festgehaltenen Lösungen bzw. welcher Lösungsschritt zunächst realisiert werden soll.
(2) Besprechen Sie mit Ihrem Coachee den Aktivitätenplan und den damit verfolgten Zweck
(3) Unterstützen Sie den Coachee in der Konkretisierung und Kontextualisierung dieses Lösungsschrittes:
   a. Was genau ist zu tun?
   b. Wie soll es getan werden?
   c. Wer ist gegebenenfalls einzubinden?
   d. In welcher/welchen Situation/en? Wann, bis wann?
   e. Mögliche erwünschte/nicht erwünschte Wirkungen und Konsequenzen?
   f. Mögliche Hindernisse und wie damit umgegangen werden kann?
   g. Welche Ressourcen (Einfluss, persönliche Kompetenzen, soziale Unterstützung ...) können/sollen dabei genutzt werden?
(4) Bitten Sie den Coachee abschließend, die vereinbarten Aktivitäten im Aktivitätenplan festzuhalten.
(5) Geben Sie Hinweise, in welcher Form Sie in der nächsten Beratungseinheit die gemachten Erfahrungen aufgreifen werden.

Weiterarbeit in einer nachfolgenden Beratungseinheit
Lassen Sie die den Coachee berichten, ob und wie er seinen Plan angepackt und umgesetzt hat. Eventuell ist es erforderlich
❒ die Situation nochmals ausführlicher zu bearbeiten,
❒ Hindernisse bei der Umsetzung, „Widerstände" gegen Veränderungen anzuschauen, zu besprechen und
❒ gegebenenfalls andere Aktivitäten vorzusehen.

Abb. 61 MC: Aktivitätenplan

Anleitung TeilnehmerIn
AL-Tn

Anleitung Aktivitätenplan

So gehen Sie vor

- ❒ Füllen Sie diesen Aktivitätenplan aus, und legen Sie ihn an eine gut sichtbare Stelle, so dass Sie immer wieder darauf stoßen.
- ❒ Machen Sie einen Überprüfungstermin (s. Frage 8).
- ❒ Nehmen Sie sich dann dieses Blatt nochmals vor und überprüfen Sie, ob und wie Sie Ihre Absichten befolgt und Ihre Pläne umgesetzt haben.
- ❒ Wenn Sie Ihre Vorsätze nicht eingehalten haben, überlegen Sie, woran das gelegen hat und schließen Sie gegebenenfalls einen neuen Vertrag mit sich.

(1) Was könnte ich vielleicht ändern?
(2) Was will ich auf jeden Fall ändern?
(3) In welcher Form und in welchem Ausmaß will ich es ändern?
(4) Wann, in welcher Situation will damit anfangen?
(5) Welche Schwierigkeiten sind möglicherweise zu erwarten?
(6) Wie könnte mit den Schwierigkeiten umgegangen werden?
(7) Wo, bei wem, wie könnte ich mir gegebenenfalls Unterstützung holen?
(8) Wann und wie überprüfe ich, ob ich meinen Änderungsvertrag eingehalten habe?

Quelle: Beck / Birkle (2005)

Abb. 62 AL-Tn: Anleitung Aktivitätenplan

Weitere methodische Anleitungen für den Coach und Konfliktbetroffene können Sie der CD-Rom *Beck/Birkle* 2005 entnehmen: z.B. „Systemaufstellung“, „Den inneren Dialog mit der Systemaufstellung klären; „Persönliche Ziele klären“; Entwicklung eines persönlichen Leitbildes“ (animierte Darstellung in *Beck/Birkle* 2004a). Für das Einzel-Coaching geeignete Methoden und Übungen wie z.B. „Selbsthypnose“, „Zielvisualisierung“ finden Sie insbesondere auch in *Beck/Birkle* 2003.

4.2 Setting 2: Konflikt-Coaching im Team

Beim Konflikt-Coaching eines Teams ist auf einige Aspekte besonders zu achten, auf die zunächst in knapper Form verwiesen wird:

4.2.1 Besonderheiten des Teamcoachings

Konfliktlösungen im Team sind wirkungsvoller

Konfliktlösungen, die im Team mit allen Beteiligten unter Anwesenheit der Teamleitung (der Vorgesetzten) erarbeitet werden sind meist wirkungsvoller als Lösungen, die im Einzel-Coaching entwickelt und dann erst noch in die Praxis transferiert werden müssen.

Komplexität der Aufgabe

Komplexität ist größer

Die Komplexität, mit der Sie als Teamcoach umzugehen haben, ist allerdings weit größer als beim Einzelcoaching. Die Vielfalt von Bedürfnissen, Gefühlen, Themen, Erwartungen, Interessen und Zielen steigt mit der Anzahl der Personen, ihren unterschiedlichen biografisch-beruflichen Erfahrungen und Kompetenzen. Zu beachten ist außerdem der dem Team von Seiten der Organisation gegebene Arbeitsauftrag und wie er von den jeweiligen Teammitgliedern wahrgenommen wird. Diese Komplexität macht es schwieriger, nachhaltige Lösungen in Form eines Kompromisses oder gar eines Konsens zu finden.

Die gemeinsame Geschichte des Teams

Gemeinsame „Geschichte"

Teams als Teilsysteme einer Organisation sind Gruppen, die eine mehr oder weniger lange gemeinsame „Geschichte" und einen gemeinsamen Arbeitsauftrag haben. Als BeraterIn / KonfliktmoderatorIn kommen Sie in ein bereits bestehendes System mit einer ohne Sie entwickelten Kultur und etablierten Kommunikationsmustern. Sie werden sich nicht nur in der Anfangs- / bzw. Ausgangssituation, sondern immer wieder über die jeweiligen Gegebenheiten und Abläufe im Team und entsprechende Veränderungen orientieren müssen. Dies ist wichtig, damit Sie sich als BeraterIn weder instrumentalisieren noch in das Konfliktgeschehen verstricken lassen.

Die Reichweite des Coachings

Das, was im Rahmen eines Konflikt-Coachings im Team geschieht, ebenso wie die Ergebnisse dieses Coachings haben oftmals eine Reichweite, die den Rahmen des Teams überschreitet und gewollte, beabsichtigte, wie auch nicht gewollte bzw. unerwartete Auswirkungen hat auf andere Teilsysteme der Organisation bzw. auf das Gesamtsystem oder gar über die Organisation hinaus.

Nachfolgend einige Hinweise, die beim Konflikt-Coaching im Team besonders beachtet werden sollten:

Hinweise für das Konflikt-Coaching eines Teams

- ❒ Vergewissern Sie sich der Stellung des Teams im Gesamtsystem der Organisation:
- ❒ Welche Position nimmt das Team im Rahmen der Gesamtorganisation ein?
- ❒ Wer sind die angrenzenden Systeme (andere Abteilungen, Geschäftsführung)?
- ❒ Ist das Team etwa das Gesamtsystem (z. B. bei kleinen Einrichtungen / Unternehmen)?
- ❒ Welche Position nimmt die Teamleitung ein? Welche Rolle möchte die Teamleitung im Rahmen des Konfliktbearbeitungsprozesses übernehmen?
- ❒ Achten Sie darauf, dass Sie als BeraterIn / KonfliktmoderatorIn keine Leitungs- / Managementaufgaben bewusst / unbewusst übertragen bekommen bzw. übernehmen.
- ❒ Klären Sie daher sorgfältig die an Sie gerichteten Erwartungen und den Auftrag.
- ❒ Nehmen Sie sich Zeit und Raum für eine differenzierte Klärung was Aufgabe und Ziel der Konfliktberatung / -moderation sein soll.
- ❒ Lassen Sie die Teamleitung / Vorgesetzte selbst zu Beginn ihre Absichten, Ziele und Vereinbarungen mit Ihnen erklären.
- ❒ Übernehmen Sie als Konfliktcoach deutlich die Leitung und die Verantwortung für die Gestaltung des Beratungsprozesses.
- ❒ Achten Sie konsequent auf Ihre Neutralität und Allparteilichkeit (vgl. oben Ziff. 2.2.1 / 2.2.2, S. 64 / 65).
- ❒ Klären Sie, was Ihre Rolle ist, was Sie tun und wie Sie es tun, was Sie wollen und nicht wollen und welche Unterstützung Sie von wem erwarten.
- ❒ Achten Sie darauf, dass fällige Entscheidungen / Beschlüsse nicht in der Beratungssitzung, sondern in der nächsten Teamsitzung / dem nächsten Leitungstreffen getroffen werden.

Abb. 63: Hinweise für das Konflikt-Coaching eines Teams

4.2.2 Workshop als zentrales Verfahren kommunikativer Konfliktbearbeitung

Einsatzmöglichkeiten, Grundlagen und zentrale Instrumente

Der Workshop bietet in vielen sozialen Konfliktfällen effektive Möglichkeiten einer kommunikativen Konfliktbearbeitung. Im Rahmen eines Workshops können außerdem viele der in diesem Band dargestellten Methoden eingesetzt werden. Nachfolgend werden wir aufgrund der Bedeutung des Workshops etwas detaillierter auf die Einsatzmöglichkeiten, Grundlagen und zentralen Instrumente eingehen.

4.2.2.1 Einsatzmöglichkeiten des Workshops

Konflikte können im Rahmen eines Workshops zu anderen Fragen/Zielen/Problemen mit bearbeitet werden, oder es können spezielle Konfliktbearbeitungsworkshops für Konflikte, die sich (noch) in einem frühen Stadium befinden, anberaumt werden. Wenn der Konflikt bereits stark eskaliert ist (Haltung „Der andere soll verlieren, koste es, was es wolle"), eignen sich Workshops nicht mehr, sondern dann sind Mediationsprozesse erforderlich (vgl. *Beck/Schwarz* 2006).

Workshop ist partizipativ angelegt

Ein Workshop ist grundsätzlich partizipativ angelegt. Er gibt den Beteiligten die Möglichkeit, ihre Erfahrungen, ihre Problemsicht, ihren Standpunkt und ihre Lösungsvorstellungen einzubringen. Der Workshop kann in unterschiedlichen Phasen einer Konfliktbearbeitung, zu unterschiedlichen Fragestellungen und Themen, vor allem jedoch auch zur Erarbeitung von Lösungsschritten und -konzepten eingesetzt werden. Er lässt außerdem viele Möglichkeiten der kreativen Gestaltung zu, auf die hier nicht näher eingegangen werden kann.

Betroffene zu Beteiligten machen

Ein Workshop – richtig angewendet – unterscheidet sich wesentlich von anderen Besprechungsmethoden. Im Vordergrund des Workshops steht im Gegensatz zum Meeting und zur Besprechung die Arbeit (to work = arbeiten), d. h. es soll gemeinsam ein Ergebnis erarbeitet werden (vgl. *Lipp/Will* 1996). Während des Workshops sollte die hierarchische Position keine Rolle spielen, sondern die Gruppe als Team agieren. Nach dem Motto „Betroffene zu Beteiligten machen" dient ein Workshop dazu, nicht nur die Erfahrungen der MitarbeiterInnen zu nutzen und ihre Kreativität freizusetzen, sondern die Motivation durch die Mitwirkung an Entscheidungsprozessen zu erhöhen.

4.2.2.2 Regeln und Besonderheiten bei der Konfliktbearbeitung im Team

Damit ein Workshop gelingt, sind die folgenden Regeln unbedingt einzuhalten:

Regeln und Besonderheiten bei der Gestaltung eines Workshops zur Konfliktmoderation

1. **Klare und überprüfbare Ziele setzen**
Die Ziele sollten klar gesetzt und kommuniziert werden, so dass es am Ende möglich ist, zu entscheiden, ob der Workshop erfolgreich war, d. h. sein Ziel erreicht hat. Es genügt z. B. nicht, zu einem Workshop zur „aktuelle Unternehmenssituation und Zukunftsperspektiven" einzuladen. Notwendig ist stattdessen, konkrete Themen wie z. B. „Festlegung der Leitlinien und Abteilungsziele" zu wählen.

2. **Nur bei Ergebnisoffenheit einen Workshop durchführen**
Ein Workshop sollte nur anberaumt werden, wenn das Ergebnis innerhalb des Workshops gemeinsam erarbeitet wird. Steht das Ergebnis bereits vorher fest, dann löst die „pseudodemokratische Veranstaltung" nur Verärgerung aus. In solchen Situationen bietet sich eher ein Meeting oder eine Informationsveranstaltung an, in der die Entscheidung bekannt gegeben wird.

3. **Volle Präsenz und Aufmerksamkeit**
Es sollte – außerhalb der Pausen – nicht erlaubt werden, dass sich Einzelne zwischendurch verabschieden, Telefonate führen oder anderes erledigen. Damit kreative Prozesse in Gang kommen können, müssen die Beteiligten voll partizipieren.

4. **Aktive Mitarbeit aller Beteiligten**
Wer sich einfach dazusetzen und mithören will, verschwendet seine eigene Zeit und die der anderen. Voraussetzung zur Teilnahme sollte die Bereitschaft zur aktiven Mitarbeit sein.

Quelle: Beck / Birkle 2005

Abb. 64: Regeln und Besonderheiten bei der Gestaltung eines Workshops zur Konfliktmoderation

Besonderheiten

Intensive Mediationsprozesse

Bei einem Workshop zur Konfliktmoderation ist es außerdem sehr wichtig, auf die Eskalationsstufe des Konfliktes zu achten. Wurde zu lange gewartet und sind die Positionen bereits so verhärtet, dass man lieber den eigenen Nachteil in Kauf nimmt, als dem Gegner ein Zugeständnis zu machen, ist es für eine Konfliktmoderation zu spät. Dann ist die Veränderung solcher Haltungen nur noch durch intensive Mediationsprozesse erreichbar bzw. es müssen andere Strategien (Macht, Autorität, Recht) angewendet werden.

4.2.2.3 Ablauf eines Workshops

Phasen/Stufen nacheinander durchlaufen

Ein Workshop orientiert sich an dem Ablauf eines Problemlöseprozesses, der einige Parallelen aufweist zum Prozess der Konfliktbearbeitung. Der Problemlöseprozess lässt sich in vier Phasen/Stufen unterteilen, die nacheinander durchlaufen werden sollten. Ein Workshop kann in jeder Phase des Problemlöseprozesses angesetzt werden und alle Schritte (Erkennung, Analysephase, Lösungssuche und Lösungsbewertung) durchlaufen oder nur zu einem Teilprozess (z. B. Ideensuche) anberaumt werden (zu folgendem vgl. *Beck/Birkle* 2005).

Stufe 1: Erkennung

Problemerkennung im Mittelpunkt

Zunächst muss ein Problem bzw. ein Konflikt erkannt, identifiziert und zunächst vorläufig formuliert werden. In dieser Phase muss die vom Konflikt bzw. Problem betroffene Person, Gruppe, Organisation sich entscheiden, ob sie selbst den Konflikt/das Problem lösen bzw. ExpertInnen hinzuziehen will. Wenn die Konflikte und die dahinter liegenden Probleme besonders unübersichtlich erscheinen und die betroffenen Personen/Gruppen/Organisation wenig Wissen bezüglich des Problems und möglicher Lösungsideen hat, ist es ratsam, sich nicht auf eigene Lösungssuche zu begeben, sondern Fachleute in eine Konfliktbearbeitung einzubinden. Häufig erfolgt die Problemerkennung vor dem Workshop und gibt erst den Anstoß zu einem Workshop. Es kann jedoch auch ein Workshop anberaumt werden, bei dem die Problemerkennung im Mittelpunkt steht. Probleme zu suchen und zu erkennen, bevor sie sich deutlich manifestieren, dient der Problem- und Konfliktprävention, hält Konfliktkosten gering und führt in der Regel zu zukunftsorientierten nachhaltigen Erfolgen.

Stufe 2: Situationsanalyse

Situationsanalyse durchführen

Begibt sich die Person/die Gruppe/Organisation auf eigene Lösungssuche, geht es zunächst darum, eine Situationsanalyse durchzuführen. Ziel dieser Analyse ist es, ein noch ungenau definiertes Problem in ein präzise definiertes zu verwandeln. Es geht also darum, eine Situation so genau wie möglich zu erfassen.

Vage Beschreibungen lösen kein Problem

Lösungschance eröffnen

Dieser Schritt wird häufig unterschätzt und nicht präzise genug durchgeführt. Doch es ist die entscheidende Phase des Problemlösungsprozesses: In dieser Phase entscheidet sich meistens, ob es überhaupt gelingt, eine Lösungschance zu eröffnen. Denn wenn das Problem vage und die Konfliktbeschreibung an der Oberfläche bleibt, ist es ein Zufallstreffer und Glücksfall, wenn gute Lösungsideen entstehen. Je präziser dagegen die Situationsanalyse gelingt, desto größere Chancen auf wirkungsvolle Lösungen ergeben sich.

Das Problem / den Konflikt analysieren

Problem genau formulieren
Bei der Situationsanalyse geht es darum, das Problem / den Konflikt einzugrenzen und unter verschiedenen Aspekten genauer zu analysieren. Hier sollten relevante Informationen zusammengetragen, wichtige Fragen gestellt und aufgrund der genaueren Problemanalyse eine Neuformulierung des Problems geleistet werden. Je genauer die Analyse ist, je mehr Fachwissen in die Analyse einfließt, umso größer ist die Chance, die Problemursachen herauszufinden. Für die Analysephase können zahlreiche Methoden genutzt werden, von der Moderationsmethode mit Kartenabfrage, Brainstorming, Mind Map bis zu Systemaufstellungen.

Stufe 3: Lösungssuche, Ideenentwicklung

Lösungssuche

Nach der präzisen Situationsanalyse erfolgt die Lösungssuche. In manchen Situationen ist diese nicht mehr erforderlich, weil mit der Analyse die Lösung zugleich offen auf der Hand liegt. In anderen Situationen dagegen ergibt sich die Lösung nicht aus der exakten Problemformulierung. Dennoch ist die zuvor geleistete Situationsanalyse notwendig. Lösungsideen, die in dieser Phase produziert werden, sind fast immer relevanter als in der noch offenen Anfangsphase, die nur in Ausnahmefällen zu stimmigen Lösungsideen führt. Die Lösungssuche kann sehr unterschiedlich aussehen, je nach der Art des Problems oder Konflikts und der Kompetenz der ProblemlöserInnen.

Eingefahrene Denkbahnen verlassen

Voraussetzung für kreative Lösungen schaffen
Wenn es darum geht, neue und kreative Lösungen zu entwickeln, ist es notwendig, für sich selbst, das Team oder die Gruppe die richtigen Voraussetzungen zu schaffen. Insbesondere wenn Wissen nicht reproduziert, sondern produziert werden soll, wenn Ideen sprudeln sollen, müssen wir uns in eine gute Stimmung bringen, in der wir uns vor Kritik nicht fürchten. Denn nur so sind wir in der Lage, eingefahrene Denkbahnen zu verlassen.

Kreative Atmosphäre schaffen

Bildhaft statt analytisch denken
Während dieser Phase ist es meistens notwendig, sich aus dem vorherrschenden analytischen und logischen Denken zu lösen und stattdessen das bildhafte Denken und die mit ihm verbundenen Gefühle und Veränderungswünsche zu nutzen, um zu neuen Lösungen zu gelangen. Das heißt, in dieser Phase sollte eine kreative Atmosphäre geschaffen werden oder vorherrschen, in der sich neue Ideen entwickeln können. Bei einer Lösungssuche in Teams / Gruppen können Kreativitätstechniken wie z. B. Brainstorming, zum Einsatz kommen. Wer sich allein auf Lösungssuche begibt, sollte Abstand zum Alltag und Problem schaffen, sich in eine positive Stimmung versetzen, um zu neuen Lösungsideen zu gelangen. Die Lösungsideen, die in der Phase entstehen, dürfen nicht bewertet werden, denn eine Bewertung hemmt den freien Gedankenfluss. Deshalb sollten Lösungssuche und Lösungsbewertung streng voneinander getrennt werden. Die Antwort auf ein Problem oder eine ungelöste Frage scheint sich manchmal aus dem Nichts einzustellen, doch das ist nicht der Fall: das Gehirn muss zuvor „gefüttert" werden, damit es Ideen produzieren kann. Deshalb wird diese Phase auch „Inkubationsphase" genannt, das heißt die Zeit von der Ansteckung bis zum Ausbruch.

Das Gehirn muss „gefüttert" werden

Blockaden ausschalten

Ganz elementar ist es, während dieser Phase dafür zu sorgen, dass sämtliche Denkblockaden ausgeschaltet werden, damit sich der freie Ideenfluss entfalten kann. Dazu ist eine positive, entspannte Atmosphäre unabdingbar. Spinnen, träumen, lachen, blödeln, das heißt, all das, was den freien Gedankenfluss unterstützt, hilft bei der Entwicklung neuer, ungewöhnlicher Ideen. Geeignete Methoden für diese Phase sind z. B. Brainstorming, Kopfstand, Szenariotechnik und vieles andere.

Ideenfluss entfalten

Stufe 4: Auswahl und Bewertung

Der letzte Schritt besteht in der Auswahl und Bewertung der Lösungsverfahren. Die gefundenen Lösungsansätze werden systematisch ausgearbeitet und auf ihre Brauchbarkeit überprüft. Mehrere Lösungsansätze werden oft zu einer Gesamtlösung verbunden. Wichtig sind für alle sichtbare transparente Kriterien, nach denen entschieden wird. Geeignet hierfür ist z. B. die Entscheidungsmatrix oder das Abstimmen mit Klebepunkten.

Auswahl und Bewertung der Lösungsverfahren

Sind Entscheidungen gefallen, geht es an die Umsetzungsplanung. Ein konkreter Aktivitätenplan, auf dem deutlich festgehalten wird, wer was bis wann erledigt, darf am Ende des Workshops nicht fehlen.

Umsetzungsplanung Aktivitätenplan

Auch die Festlegung der Erfolgskontrolle mit konkreten Daten ist unabdingbar. In manchen Fällen kann es notwendig sein, die einzelnen Phasen mehrmals zu durchlaufen, um zur richtigen Lösung zu gelangen. Das ist kein Vorgehen nach „Versuch und Irrtum", sondern jedes Mal wird die Lösung konkreter, werden unbrauchbare Ideen aussortiert. In der Phase, in der es darum geht, Ideen umzusetzen, sind insbesondere eine große Portion Beharrlichkeit, Ehrgeiz und Frustrationstoleranz hilfreich. Denn es ist selten der Fall, dass alles auf Anhieb perfekt klappt. Dauert ein Problemlösungsprozess länger, ist es wichtig, sich nicht entmutigen zu lassen.

Erfolgskontrolle

Beharrlichkeit, Ehrgeiz und Frustrationstoleranz

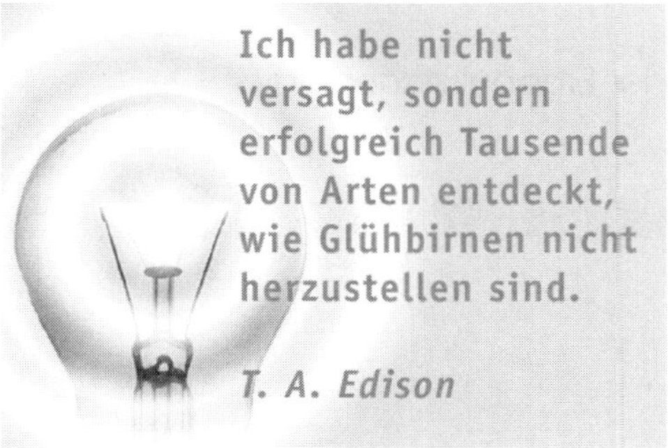

Abb. 65: Ich habe nicht versagt…
Quelle: Beck/Birkle (2005)

Vielleicht hilft hier ein Spruch Th. A. Edisons, der auf die Frage, was für ein Gefühl es denn sei, bei dem Versuch, eine Glühbirne herzustellen, so oft versagt zu haben, antwortete: „Ich habe nicht versagt, sondern erfolgreich Tausende von Arten entdeckt, wie Glühbirnen nicht herzustellen sind."

4.2.2.4 Ausgewählte methodische Empfehlungen zur Gestaltung des Workshops

Methode Coach
MC

Vorbereitung eines Workshops

Thema
(1) Legen Sie das Thema des Workshops fest.

Ziel
(2) Formulieren Sie die Ziele des Workshops.

Teilnehmer / innenkreis
(3) Legen Sie den Kreis der Teilnehmer / innen fest.
(4) Beachten Sie die Erfahrungshintergründe, das Arbeitsumfeld, die Interessen der Beteiligten und ihre möglichen Bedenken / Widerstände.

Information für die Teilnehmer / innen
(5) Informieren Sie die Teilnehmer / innen. Geben Sie ihnen – falls erforderlich und sinnvoll – Informationen / Arbeitsunterlagen zur Vorbereitung (z. B. zum Thema des Workshops, zu den Zielen, zur Ausgangslage, aktuelle Geschäftsdaten etc.).
(6) Teilen Sie mit, welche Informationen / Beiträge / Vorbereitungen von den Beteiligten selbst erwartet oder verlangt werden.
(7) Welche Fragen sollen die Beteiligten selbst erarbeiten?

Schwerpunktfelder
(8) Legen Sie die zu bearbeitenden Schwerpunktfelder fest bzw. machen Sie einen Vorschlag dazu.

Methodische Gestaltung des Workshops
(9) Überlegen Sie, wie Sie den Workshop methodisch gestalten (Präsentationen, Gruppenarbeit, Brainstorming, Diskussionen, Moderationstechniken usw.).
(10) Legen Sie den Ablauf und die Arbeitsschritte fest.
(11) Überlegen Sie, welche Hilfsmittel (Materialien, wie z. B. Metaplan, Stifte, Overhead-Folien etc. Sie einsetzen wollen.

Rahmenbedingungen
(12) Klären Sie Raum, Zeitplan, Moderation, Protokollführung, Art der Ergebnissicherung / Dokumentation.

Abb. 66 MC: Vorbereitung eines Workshops

Methode Coach
MC

Ablaufgestaltung eines Workshops

Zum Beginn

- ❒ Eröffnen
- ❒ Anwärmen
- ❒ Zielsetzung, Thema, inhaltlichen Ablauf vorstellen
- ❒ Organisatorische Rahmenbedingungen (Zeitrahmen, Pausen, Verpflegung etc.) vorstellen

Inhaltliche Einführung

- ❒ Evtl. Kurzvorträge zur Situation, Daten und Fakten
- ❒ Aktivierung, zum Beispiel: Kartenabfrage („Wie sehen wir …")

Weiterer Ablauf

- ❒ Erste Aufgabenstellung (meist Kleingruppenarbeit) mit klaren Anweisungen:
- ❒ Was ist zu tun? (Bearbeiten Sie folgende Fragestellung …)
- ❒ Wie soll gearbeitet werden? (Wählen Sie eine Gruppenleitung, Beachten Sie die Regeln)
- ❒ Wie sollen die Ergebnisse aussehen? (Präsentation)
- ❒ Bearbeitung der Aufgabe in Kleingruppen unter Einhaltung der Zeit!
- ❒ Besprechung der Gruppenergebnisse in der Gesamtrunde
- ❒ Der Moderator hat die Aufgabe zu strukturieren, zusammenzufassen und weiterzuführen
- ❒ Übergang zur nächsten Aufgabenstellung und Phase (von der Analysephase in die Lösungssuche oder in die Lösungsbewertung) oder zum Abschluss

Zum Abschluss

- ❒ Entscheidungen treffen, Ergebnisse zusammenfassen und für alle sichtbar präsentieren
- ❒ Maßnahmen ableiten, Aufgaben delegieren, Aktivitätsplan erstellen
- ❒ Erfolgskontrolle festlegen und weitere Terminplanung
- ❒ Prozessanalyse und Feedback an die ModeratorIn
- ❒ Sich bei den Teilnehmern für die Mitarbeit bedanken!

Abb. 67 MC: Ablaufgestaltung eines Workshops

Anleitung
AL

Aufgaben der Moderation

Die Prozessverantwortung übernehmen

- Übernehmen Sie die klare Verantwortung für die Steuerung des Prozessverlaufs.
- Da der Prozess nie bis ins Kleinste geplant werden kann, ist es sinnvoll, wenn Sie verschiedene mögliche Verläufe im Vorfeld durchdenken und dafür auch mehrere Vorgehensweisen vorbereiteten.

Besonders wichtig!

(1) Spielregeln einführen und auf Einhaltung achten
(2) Auf die saubere Trennung der Phasen Analyse, Ideensuche und Lösungsbewertung achten
(3) Den roten Faden halten
(4) Diskussionsverlauf verdeutlichen
(5) Weiterführen und zusammenfassen
(6) Schauen, dass jeder zu Wort kommt, die / der möchte
(7) Auf Spannungen achten
(8) Störungen sofort ansprechen
(9) Auf konstruktivem Verhalten der TeilnehmerInnen bestehen
(10) Destruktives Verhalten der TeilnehmerInnen sofort stoppen
(11) Zur konstruktiven Konfliktlösung verhelfen

Abb. 68 AL: Aufgaben der Moderation

Anleitung
AL

Bewertung durch punkten

Beschreibung

Die anvisierten Verhandlungsergebnisse bzw. Problemlösungen werden nach Prioritäten per Punktvergabe bewertet. Die Anzahl der Klebepunkte entspricht etwa der Hälfte der auszuwählenden Alternativen. Jeder kann seine Punkte aufteilen oder für nur eine Lösung vergeben. Das Verfahren – in Großprojekten auch Gruppen-Delphi genannt – eignet sich für den Fall, dass am Ende mehrere Lösungsalternativen zur Auswahl stehen und die Mehrheit entscheiden soll.

Beispiel: Was soll mit dem von zwei Teams beanspruchten leeren Raum geschehen?

Bewertung durch Punkte

Quelle: Beck / Birkle (2005)

Abb. 69 AL: Bewertung durch punkten

Anleitung
AL **Entscheidungsmatrix für die Bewertung von Lösungsideen**

Beschreibung
Hier wird das zu lösende Problem / das zu verhandelnde Thema in seine einzelnen Komponenten oder Einflussfaktoren zerlegt und danach die optimale Variante ausgewählt. Die einzelnen Einflussfaktoren können gewichtet werden. Es lässt sich auch ein Punktwert errechnen (z. B. 10 Punkte höchste Punktzahl).

Erfolgskriterien festlegen
Die von dem Konflikt Betroffenen bzw. die an der Verhandlung Beteiligten legen im Vorfeld Kriterien fest, an denen die Ideen, Vorschläge und Ergebnisse gemessen werden. Dabei ist wichtig, dass sich alle auf die Kriterien einigen können. Dies ist nur möglich, wenn es sachliche Aspekte sind. So könnten bei der Verhandlung folgende Kriterien festgelegt werden: Attraktivität, Brauchbarkeit, Umsetzbarkeit und Zielgruppengröße (Siehe auch Abb. 28 Kosten-Nutzen-Analyse von Konfliktlösungsstrategien).

Entscheidungsmatrix

	Idee 1	*Idee 2*	*Idee 3*
Attraktivität	7	3	1
Brauchbarkeit	5	9	3
Umsetzbarkeit	6	7	9
Zielgruppengröße	7	5	4
Summe	**25**	**24**	**17**

Quelle: Beck / Birkle (2005)

Abb. 70 AL: Entscheidungsmatrix für die Bewertung von Lösungsideen

4.2.3 Ergänzende methodische Empfehlungen und Materialien zum Konflikt-Coaching im Team

Nachfolgend finden Sie weitere methodische Empfehlungen sowie eine Zusammenstellung bereits vorgestellter Methoden, die auch in diesem Kontext zum Einsatz kommen.

Die Materialien sind den Prozess-Schritten einer kommunikativen Konfliktlösung zugeordnet: Vorbereitung, Einstieg, Lösungsarbeit, Ergebnissicherung (vgl. Kap. 3).

Einige Methoden und Materialien können Sie in modifizierter Form auch für andere Phasen der Konfliktbearbeitung verwenden. Sie können diese Materialien übernehmen, oder aber Sie greifen das heraus, was Ihnen besonders wichtig erscheint und ergänzen damit Ihr eigenes Konzept.

4.2.3.1 Methodische Empfehlungen zur Vorbereitung

Folgende, bereits vorgestellte Methoden sind je nach Ausgangslage (vgl. oben Ziff. 3.2) und entsprechend angepasst besonders gut geeignet zur Vorbereitung eines Konflikt-Coachings im Team:

Abb. 30 MC: Systemisches Porträt
Abb. 31 AL-Tn: Ein systemisches Porträt anfertigen
Abb. 37 MC: Erwartungsnetzwerk klären
Abb. 38 AL-TN: Visualisierung eines Erwartungsnetzwerkes
Abb. 45 MC: Beobachtungsprotokoll anfertigen und auswerten
Abb. 46 AL-Tn: Beobachtungsprotokollbogen
Abb. 47 MC: Konfliktanalyse vorbereiten
Abb. 54 MC: Subjektive Organisationsanalyse
Abb. 55 AL-Tn: Anleitung Subjektive Organisationsanalyse

4.2.3.2 Methodische Empfehlungen zum Einstieg

Folgende, bereits vorgestellte Methoden sind je nach Ausgangslage (vgl. oben Ziff. 3.3) und entsprechend angepasst besonders gut geeignet zur Einstieg in ein Konflikt-Coachings im Team:

Abb. 30 MC: Systemisches Porträt
Abb. 31 AL-Tn: Ein systemisches Porträt anfertigen
Abb. 36 MC: Von der Problemrückseite zum Ziel
Abb. 37 MC: Erwartungsnetzwerk klären
Abb. 38 AL-TN: Visualisierung eines Erwartungsnetzwerkes
Abb. 54 MC: Subjektive Organisationsanalyse
Abb. 55 AL-Tn: Anleitung Subjektive Organisationsanalyse
Abb. 56 MC: Kraftfeldanalyse
Abb. 57 AL-Tn: Anleitung Kraftfeldanalyse
Abb. 58 MC: Projekt-Umwelt-Analyse

4.2.3.3 Methodische Empfehlungen zur Lösungsarbeit

Methode Coach
MC

Szenario-Technik

Beschreibung
Im Anschluss an die Klärung einer Ist-Situation bzw. der Diagnose einer Konfliktsituation insbesondere bei Veränderungsprozessen von Teams und Organisationen werden drei Zukunftsbeschreibungen entwickelt und daraus Ziele und Strategien abgeleitet.

Ziel
Ziele für die Entwicklung / Veränderung der Gesamtorganisation bzw. Teilbereichen (Team, Abteilung ...) entwickeln und Strategien planen.

Einsatzbereiche
z. B. in der Phase der Lösungsarbeit bei einer Konfliktmoderation im Team bzw. auch dem Coaching eines Führungsteams.

Anleitung
Achten Sie darauf, dass alle zu Beginn einen vergleichbaren Informationsstand mit Blick auf die diagnostizierte Ausgangssituation haben. Lassen Sie gegebenenfalls die wichtigsten Ergebnisse der Bestandsaufnahme der Ist-Situation präsentieren bzw. stellen Sie diese selbst (nochmals) vor.

Gehen Sie dann wie folgt vor:
(1) Lassen für einen definierten Zeitraum (in einem Jahr, in drei Jahren, in fünf Jahren) folgende drei Zukunftsbeschreibungen (Szenarien) entwickeln
   a. eine bestmögliche
   b. eine realistische
   c. eine schlimmstmögliche
(2) Je nach Größe des Teams können Sie diese Szenarien
   a. in Untergruppen entwickeln lassen und anschließend in der ganzen Gruppe vorstellen lassen.
   b. im Gesamtteam in Form eines Brainstormings durchführen und anschließend die Ideen ordnen.
(3) Lassen Sie die jeweiligen Ergebnisse (Zukunftsbeschreibungen) diskutieren, ergänzen, korrigieren.
(4) Entwickeln Sie daraus
   a. realistische Ziele und erarbeiten / vereinbaren Sie Kriterien für die Zielerreichung. (Siehe Abb. 25 AL: Ziele formulieren).
   b. Strategien zur Zielerreichung und entsprechende Strategien.
(5) Vereinbaren Sie Realisierungsschritte (Was, wer, wann, wie, mit wem ...) und legen Sie die Modalitäten der Umsetzung und der Umsetzungskontrolle fest.

Auswertung

Quelle: Nach Reichel / Rabenstein (2001), S. 194

Abb. 71 MC: Szenario-Technik

Methode Coach
MC

Dissensdialog

Beschreibung
Konfliktbetroffene tauschen sich in wechselnden Kommunikationssettings aus

Einsatzbereich
Geeignet wenn die in einen Konflikt involvierten Parteien einen Handlungsbedarf sehen, festgefahrene Kommunikationsmuster bislang jedoch eine Veränderung blockiert haben.

Ziel
Konstruktiv mit Interessenskonflikten umgehen und sich für neue Perspektiven öffnen.

Einführung
Stellen Sie den TeilnehmerInnen Sinn, Zweck und Ablauf des Dissensdialogs vor:
- ❒ Machen Sie deutlich, dass es vor allem darum geht ein wechselseitiges Verständnis für die unterschiedlichen Auffassungen, Meinungen, Erwartungen, Befürchtungen, Interessen, Zielvorstellungen anzubahnen.
- ❒ Stellen Sie klar heraus, dass Unterschiede bestehen bleiben können und es nicht darum geht, einen Konsens herzustellen.

Bitten Sie die TeilnehmerInnen beliebig an frei verteilten Tischen Platz zu nehmen.

Ablauf
1.Schritt: Bitte Sie die TeilnehmerInnen ihre Auffassungen, Befürchtungen, Widerstände, Interessen und Erwartungen zum Konflikt auszutauschen.
2. Schritt: Lassen Sie pro Tisch ein kurzes Statement abgeben.
3. Schritt: Bitten Sie die TeilnehmerInnen, sich jeweils einer der folgenden Gruppen zuzuordnen: die „Involvierten" die „Unbeteiligten". Die Gruppe der Involvierten teilt sich wiederum auf in „Interessensgruppen".
4. Schritt: Die Interessensgruppen konkretisieren ihren jeweiligen Standpunkt und bereiten sich darauf vor diesen – durch eine/n Delegierte/n vertreten zu lassen.
5. Schritt: Die Delegierten der Interessensgruppen diskutieren im Innenkreis. Die anderen hören schweigend zu. Der Berater/die Beraterin unterstützt bei Bedarf.
6. Schritt: Die „Unbeteiligten" äußern Vorschläge dazu, wie die Gespräche fortgeführt werden könnten. Die „Delegierten" können sich dazu kurz äußern und ihre spontane Einschätzung/Befindlichkeit mitteilen.
7. Schritt: Die Delegierten begeben sich wieder in ihre Interessensgruppen und reflektieren die bisherigen Gespräche und erarbeiteten Positionen und Optionen für ein zweites Delegiertengespräch. Für diese 2. Delegiertenrunde kann auch ein/e neue/r Delegierte/r bestimmt werden.
8. Schritt: Durchführung des zweiten Delegiertengesprächs wie in Schritt 5.
9. Schritt: Ablauf wie in Schritt 6. Hinzu kommt: Die „Unbeteiligten" halten schriftlich fest, welche Veränderungen sie vom 1. zum 2. Delegiertengespräch erkennen können.

Kaffeepause, Imbiss – mit der Möglichkeit informellen Austauschs.

10. Schritt: Die TeilnehmerInnen gruppieren sich wieder beliebig an den Tischen und entwickeln Ideen bezüglich der Gestaltung der künftigen Kommunikation (Inhalte, Form der Organisation, TeilnehmerInnen usw.).
11. Schritt: Die Ideen werden im Plenum vorgestellt.

Material
Flip-Charts, Pinnwände, Moderationskoffer

Quelle: Königswieser/Exner (1999), S. 254f.

Abb. 72 MC: Dissensdialog

Methode Coach
MC

Bilanz ziehen – Nutzen / Kosten von Konfliktstrategien

Beschreibung
Ein Verfahren, bei dem eine Kosten / Nutzen-Bilanz der bisherigen Konfliktstrategien erstellt werden kann.

Ziel
Mit diesem Verfahren kann die Effektivität der gewählten Konfliktstrategie überprüft werden.

Vorgehen
(1) Stellen Sie Ihrer Kundin / Klientin Ziel und Verfahren der Nutzen / Kosten-Bilanz von Konfliktstrategien vor.
(2) Arbeiten Sie anhand des nachfolgend aufgeführten Arbeitsbogens die Nutzen / Kosten-Bilanz der bisherigen Konfliktstrategien Ihrer Kundin / Klientin heraus und vergleichen Sie diese mit der anvisierten zukünftigen Nutzen / Kosten-Bilanz.
(3) Halten Sie diese schriftlich fest.
(4) Alternativ können Sie die Kosten-Nutzen-Bilanz Ihrer Kundin / Klientin auch als „Hausaufgabe" geben und die Ergebnisse in der Beratung reflektieren.

Auswertung
(5) Was wurde deutlich?
(6) Welche neuen Erkenntnisse haben die Beteiligten gewonnen?
(7) Wie verhält sich die bisherige zu der zukünftigen Kosten- / Nutzen-Bilanz?
(8) Welcher Lösungsansatz ist der „kostengünstigste"?

Abb. 73 MC: Bilanz ziehen – Nutzen / Kosten von Konfliktstrategien

Anleitung TeilnehmerIn
AL-Tn

Bilanz ziehen – Nutzen / Kosten von Konfliktstrategien

Konfliktsituation:		***Konfliktstrategie:*** ***Nutzen***	***Kosten, Verluste***	***Zwischen-Bilanz****
Konfliktbetroffene (Einzelne Personen)				
Konfliktparteien (Untergruppen)				

* Bitte halten Sie fest: + = eher positiv; – = eher negativ; 0 = eher neutral (weder noch)

Quelle: Beck / Birkle (2005)

Abb. 74 AL-TN: Bilanz ziehen – Nutzen / Kosten von Konfliktstrategien

Methode Coach
MC

Konfliktintervention in Stufen

Beschreibung
Die TeilnehmerInnen ordnen Aspekte des Konfliktgeschehens vorab definierten Bereichen zu, bis gemeinsame Standpunkte gefunden und Vereinbarungen getroffen werden können.

Ziel
Eine differenzierte Sicht des Konfliktgeschehens gewinnen und Vereinbarungen treffen. Insbesondere geeignet beim Aushandeln verbindlicher Vereinbarungen im Rahmen der Prozessbegleitung eines Teams.

Vorgehen
Schritt 1: Sammlung von Fakten und Einschätzungen
Lassen Sie die Konfliktparteien jeweils für sich knapp, konkret und schriftlich folgende Fragen beantworten:

Sachebene
- ❒ In welchen Situationen, Aufgaben, Aspekten unterstützt mich / uns die andere Partei?
- ❒ In welchen Situationen, bei welchen Aufgaben und Aspekten behindert mich / uns die andere Partei?
- ❒ Welche Folgen hat dies für meine / unsere Arbeit?

Verhaltens- / Beziehungsebene
- ❒ Welches Verhalten schätze ich / schätzen wir an der anderen Partei?
- ❒ Welches Verhalten stört mich / uns an der anderen Partei?
- ❒ Was löst dieses Verhalten in mir / in uns aus?

Individuelle Ebene
- ❒ Welche meiner / unserer Verhaltensweisen macht mich / uns für die andere Partei zu einem schwierigen Partner?
- ❒ Was vermute ich / wir, wie mich / uns die andere Partei erlebt, sieht?

Schritt 2: Austausch
- ❒ Lassen Sie die jeweiligen Parteien ihre Antworten vorstellen.
- ❒ Achten Sie darauf, dass nur Verständnisfragen gestellt werden.
- ❒ Machen Sie deutlich, dass es um Verstehen und nicht um Rechtfertigung geht.

Schritt 3: Annäherung
- ❒ Bitten Sie die Konfliktparteien zu überlegen, wie und in welchen Situationen, Angelegenheiten, Aspekten sie der jeweils anderen Partei entgegenkommen können.
- ❒ Setzen Sie diese „Suchprozesse" so lange fort, bis gemeinsame Standpunkte gefunden wurden.
- ❒ Halten Sie die Ergebnisse schriftlich fest.

Schritt 4: Ergebnisse sichern
- ❒ Wer kann wie dafür Sorge tragen, damit die getroffenen Vereinbarungen eingehalten werden?
- ❒ Was kann die jeweilige Partei tun, damit die andere Partei bereit und in der Lage ist, sich an die getroffenen Vereinbarungen zu halten?
- ❒ Wer kann am ehesten woran erkennen, dass eine Partei Gefahr läuft, gegen die getroffenen Vereinbarungen zu verstoßen? Wer kann in diesem Falle wie konstruktiv intervenieren?
- ❒ Wer, welche Partei, kann / soll was, wie tun, um eine Eskalation bei einem erneuten Aufflammen des Konfliktes zu verhindern?

Quelle: Nach Königswieser / Exner (1991), S. 262f.

Abb. 75 MC: Konfliktintervention in Stufen

Methode Coach
MC

Zirkuläre Konfliktbearbeitung

Beschreibung
In arbeitsteiligen Untergruppen werden zeitgleich Ist-Situation beschrieben, Hypothesen dazu gebildet und Problemlösungen entwickelt.

Ziel
Konfliktbezogene Sichtweisen erweitern und Lösungen finden. Gut geeignet, um bei gering eskalierten Konflikten und festgefahrenen Situationen zügig zu akzeptablen Lösungen zu kommen.

Vorgehen
Schritt 1
Bitten Sie die Mitglieder des Teams / TeilnehmerInnen sich folgenden drei Gruppen zuzuordnen:
- ❒ Gruppe 1: Problembeschreibung
- ❒ Gruppe 2: Hypothesenbildung
- ❒ Gruppe 3: Problemlösungsgruppe

Schritt 2
- ❒ Gruppe 1 beschreibt im Innenkreis das Problem in allen Facetten, Aspekten und Dimensionen. Sie können die Problembeschreibung mit Hilfe von Fragen unterstützen.
- ❒ Gruppe 2 hört zu und notiert sich währenddessen mögliche Gründe und Vermutungen (Hypothesen) warum es zu dem Problem (Konflikt) gekommen ist und wodurch es aufrecht-erhalten wird.
- ❒ Gruppe 3 hört zu und notiert währenddessen Ideen und Vorschläge für mögliche Lösungen

Schritt 3
- ❒ Gruppe 2 beschreibt tauscht im Innenkreis ihre Annahmen und Hypothesen aus. Sie können diese Hypothesen durch Ihre eigenen Vermutungen ergänzen.

Schritt 4
- ❒ Gruppe 3 beschreibt im Innenkreis ihre Vorschläge und Ideen zur Lösung. Auch hierzu können Sie Ihre Lösungsideen ergänzend mit einspielen.

Schritt 5
- ❒ Die in Schritt 4 ausgetauschten und vorgeschlagenen Lösungsideen werden gemeinsam geprüft, beurteilt und gegebenenfalls modifiziert oder ergänzt.
- ❒ Auf dieser Grundlage können dann im weiteren Verlauf Vereinbarungen getroffen oder Entscheidungen gefällt werden.

Quelle: Königswieser / Exner (1999), S. 272 f.

Abb. 76 MC: Zirkuläre Konfliktbearbeitung

Folgende, bereits vorgestellte Methoden sind je nach Ausgangslage (vgl. oben Ziff. 3.4) und entsprechend angepasst ebenfalls gut geeignet für die Lösungsarbeit im Rahmen eines Konflikt-Coachings im Team:

Abb. 41 MC: Systemische Haltung – Zwei Seiten einer Medaille
Abb. 42 MC: (Konflikt-) Situationen verflüssigen
Abb. 44 MC: Tetralemma
Abb. 51 MC: Positions- und Perspektivenwechsel
Abb. 58 MC: Projekt-Umwelt-Analyse
Abb. 69 AL: Bewertung durch punkten
Abb. 70 AL: Entscheidungsmatrix für die Bewertung von Lösungsideen

Weitere methodische Anleitungen für das Konflikt-Coaching im Team wie z. B. „Feedbackregeln einführen“, „Ideensammlung mit Brainstorming, Mind-Map u. „Systemaufstellung“, „Ziele definieren“, können Sie der CD-Rom *Beck/Birkle* 2005 entnehmen

4.2.3.4 Methodische Empfehlungen zur Ergebnissicherung

Entsprechend modifiziert kann neben den bei den einzelnen Methoden genannten Kriterien und Vorgehensweisen auch auf folgende, bereits dargestellte Instrumente zurückgegriffen werden:

Abb. 59 MC: Reflexionsgespräch und Bilanz
Abb. 61 MC: Aktivitätenplan

4.3 Setting 3: Verhandlungsführung

Verhandlungsführung ist in vielen Situationen gefragt; sei es bei der Aushandlung eines neuen Dienst-/Einsatzplans, bei Auseinandersetzungen zweier Abteilungen, bei einem Interessenausgleich zwischen Betriebsrat und Geschäftsführung oder bei Bürgerinteressen in der Kommune. Wie zuvor bereits angesprochen stehen sich bei der Verhandlungsführung zwei oder mehrere Konfliktparteien gegenüber, die ihre Konflikte miteinander durch Verhandlung lösen oder zumindest begrenzen müssen, ohne weitergehende Veränderungsprozesse in die Wege zu leiten. Dies können Konflikte zwischen Teams, zwischen Management und Abteilung, zwischen Organisation und regionalem Umfeld sein.

Konflikte durch Verhandlung lösen

4.3.1 Methodische Grundlagen der Verhandlungsführung

Ergänzend zu

- ❒ dem unter Ziff. 2.3.1 vorgestellten Grundlagen und Vorgehensweisen der Verhandlungsführung nach dem Harvard-Konzept und
- ❒ den in Kapitel 3 vorgestellten Prozess-Schritten, Aufgaben und Instrumenten einer Konfliktbearbeitung,

unterstützen die folgenden Materialien die Durchführung einer Verhandlungsführung aus der Sicht der neutralen Drittpartei, die in einem Workshop oder einem Gespräch die Verhandlung moderiert.

Eine Konfliktverhandlung kann auch im Rahmen eines entsprechend vorbereiteten und moderierten Workshops erfolgen. Die oben unter Ziff. 4.2.2 vorgestellten Materialien können hierzu entsprechend genutzt bzw. auch angepasst werden.

4.3.2 Ergänzende methodische Hinweise und Materialien

Methode
VF

Verlaufsschritte einer Verhandlungsführung

Das Problem wird erkannt und definiert
a. Problemdefinition / -formulierung ohne Wertung.
b. Offenlegung der unterschiedlichen Standpunkte.
c. Beleuchtung durch die Konfliktpartner / innen.
d. Anerkennung der Lösungsbedürftigkeit.

Alternative Lösungen werden entwickelt
a. Vorschlag möglicher Lösungen.
b. Anhörung der beteiligten Seiten.
c. Gemeinsame Suche nach Alternativen.
d. Entgegennahme aller Vorschläge ohne Kritik, Bewertung und Selektion.
e. Gemeinsame Formulierung der besten Lösungsmöglichkeit.

Bewertung der alternativen Lösungen
a. Offene, ehrliche Begutachtung durch die Konfliktpartner / innen.
b. Gemeinsame Überprüfung auf ihre Funktionsfähigkeit.
c. Kritische Bewertung. (siehe auch Abb. 69 AL: Bewertung durch punkten und Abb. 70 AL: Entscheidungsmatrix für die Bewertung von Lösungsideen).

Die Entscheidung wird getroffen
a. Nochmalige Formulierung der Lösungsmöglichkeit.
b. Überprüfung auf ihre allseitige Akzeptanz.
c. Zustimmung der Konfliktpartner / innen zur Lösung wird festgestellt.
d. Die Lösung wird keiner Seite aufgezwungen.

Die Entscheidung wird durchgeführt
a. Maßnahmen zur Realisierung werden schriftlich festgehalten.
b. Wer hat was wann zu tun? Vereinbarungen treffen. Die Entscheidung wird getroffen.

Abschließende Bewertung der Lösung
a. Revision der getroffenen Entscheidung ist in beiderseitigem Einverständnis möglich.

Quelle: Brommer (1994)

Abb. 77 VF: Verlaufsschritte einer Verhandlungsführung

Methode
VF

Moderation einer Konfliktverhandlung

Zum Beginn
a. Eröffnen
b. Anwärmen
c. Thema und Zielsetzung der Besprechung / Verhandlung klären
d. Tagesordnung feststellen und ggf. modifizieren
e. Zeitrahmen festlegen
f. Zustimmung zur eigenen Rolle einholen
g. Gesprächsregeln festlegen

Während der Konfliktmoderation
a. Den roten Faden halten
b. Diskussionsverlauf verdeutlichen
c. Weiterführen und zusammenfassen, (siehe Abb. 77 VF: Verlaufsschritte einer Verhandlungsführung)
d. Entscheidungen fördern / Entscheidungshilfen geben
e. Entscheidungen verdeutlichen und festhalten
f. Für die Umsetzung von Entscheidungen und
g. für Aufgabenvereilung sorgen
h. auf den Zeitablauf achten

Zur Beziehungsebene
a. Schauen, dass jeder zu Wort kommt, die / der möchte
b. Schweigern und Zauderern Mut machen
c. auf Spannungen achten
d. Störungen sofort ansprechen
e. zur konstruktiven Konfliktlösung verhelfen
f. für körperliches und seelisches Wohlbefinden sorgen
g. ständig verbalen und nonverbalen Kontakt mit der Gruppe halten

Zum Abschluss
a. Ergebnisse zusammenfassen
b. Terminplanung beachten
c. Offiziellen Schlusspunkt setzen
d. Sich bei den Teilnehmern für die Mitarbeit bedanken

Quelle: Brommer (1994)

Abb. 78 VF: Moderation einer Konfliktverhandlung

Methode
VF

Regeln für die Konfliktverhandlung

Fünf Regeln für den Einstieg in Verhandlungen

1. Signalisieren Sie Einigungsbereitschaft!
2. Fragen und prüfen Sie, ob die Konfliktpartner/innen einigungsbereit sind.
3. Nehmen Sie eine Zustimmung als Absichtserklärung, auf die Sie sich in kritischen Situationen immer wieder beziehen können.
4. Verdeutlichen Sie möglichst konkret die Ziele, Vorteile und den Nutzen einer interessenorientierten Einigung.
5. Vereinbaren Sie Rahmenbedingungen und Spielregeln für die Verhandlung (z. B. Ort, Zeit, Unterbrechungen, Fortsetzung der Verhandlung, Anzahl der Treffen, Verfahrensweisen und Kommunikationsregeln).

Zehn Regeln für die Moderation bei Konfliktverhandlungen

1. Beachten Sie, dass die individuellen Interessen kontextabhängig variieren und miteinander in Konkurrenz stehen können.
2. Laden Sie die Konfliktparteien ein, sich in die Lage der jeweils anderen Partei zu versetzen.
3. Geben Sie den Konfliktparteien die Möglichkeit, ihren Gefühlen Ausdruck zu verleihen.
4. Bleiben Sie offen und aufgeschlossen für die Interessen aller Beteiligten.
5. Achten Sie darauf, dass keine Schuldzuweisungen gemacht und keine Sündenböcke gesucht werden.
6. Achten Sie darauf, dass alle an der gemeinsamen Aufgabe arbeiten.
7. Tragen Sie Sorge, dass Aussagen nicht interpretiert werden. Lassen Sie lieber konkret nachfragen.
8. Bitten Sie, wenn nötig, um aufmerksames Zuhören und geben Sie Feedback.
9. Schlichten Sie den Konflikt so, dass es keine Verlierer / innen gibt.
10. Heben Sie hervor, dass Konflikte konstruktiv nur bei Zufriedenheit aller Betroffenen gelöst werden können.

Quelle: Brommer (1994)

Abb. 79 VF: Regeln für die Konfliktverhandlung

Weitere methodische Anleitungen, Fallbeispiele und Übungen zur Verhandlungsführung können Sie der CD-Rom *Beck/Birkle* 2005 entnehmen

Die meisten der in diesem Kapitel vorgestellten Verfahren und Materialien sind auch ohne Coaching-Fortbildung (z. B. in systemischen Methoden) anwendbar. Dennoch sollten Sie als Leitungs- oder Führungskraft um die Verfahren und Methoden konstruktiv und zieldienlich einsetzen zu können, über Kompetenzen im Bereich der Personalführung verfügen.

5. Schlussbemerkung

„Konflikte werden zu Machtfragen;
wer die Macht in den Händen hat,
geht dann in seinem Sinne vor."
Otto Graf von Bismarck

Konflikte sorgen für „schlechte Stimmung"

Konfliktsituationen werden häufig als unangenehm und destruktiv empfunden. Die meisten Menschen, auch viele Leitungs- und Führungskräfte, neigen dazu, Gespräche, in denen Konflikte zu erwarten sind, auf die lange Bank zu schieben. Auch Veränderungen am Arbeitsplatz, Umstrukturierungen und Anpassungsprozesse bergen die Gefahr von Konflikten, die für „schlechte Stimmung" sorgen und den Rückgang von Motivation und Identifikation befürchten lassen.

Es gibt keine konfliktfreie Räume

Erfahrungen zeigen, dass es – weniger noch als in der Vergangenheit – keine konfliktfreien Räume gibt. Überall wo Menschen zusammen leben und arbeiten, immer wenn Menschen, unterschiedlichen Alters, Geschlechts, Kultur, unterschiedlicher Biografien, unterschiedlicher persönlicher Temperamente, in unterschiedlichen hierarchischen Positionen zusammen kommen, stoßen unterschiedliche Wahrnehmungen, Einstellungen, Bewertungen, Interessen aufeinander, im Privatleben wie auch im Arbeitleben. Konfliktpotenziale liegen in Unterschieden, und sie entstehen auch „immer da, wo sich etwas bewegt – oder eben nichts bewegt" (*Pühl* 2003, S. 11).

Organisationen müssen die unterschiedlichsten Aufgaben und Funktionen, Arbeitsabläufe und Interessen aufeinander abstimmen und zwar so, dass es möglichst wenig Reibungsverluste bei der Realisierung der Arbeitsaufgaben gibt. Dass dies, gerade in einer Zeit manifest werdender und gelebter Unterschiedlichkeiten sowie des Veränderungsdrucks, nicht ohne Konflikte geht ist eine triviale Erkenntnis.

Konflikte als „Innovationsherausforderung"

Konflikte sind – so gesehen – weniger eine Besonderheit oder gar vermeidbare „Störfälle", sondern können als eine „Innovationsherausforderung" angenommen und „behandelt" werden. „Der Weg dahin ist noch weit: Wer sieht Konflikte, in die man auch noch selbst involviert ist, schon gern als Herausforderung? In der Regel werden sie als lästig und unangenehm erlebt" (*Pühl* 2003, S. 11). Trotzdem gibt es durchaus einige Chancen. Organisationen und die in ihnen wirkenden Menschen können lernen, diese wahrzunehmen, zu nutzen und sie auszubauen.

Konfliktmanagement ist Führungsaufgabe

Auch wenn die Initiative von einzelnen MitarbeiterInnen oder Mitarbeitergruppen ausgeht, so ist Konfliktmanagement doch Führungsaufgabe. Aufgabe von Führungs- und Leitungskräften ist es, Klarheit zu schaffen über die Wahl von Vorgehensweisen bei der Konfliktregulierung und der jeweiligen Spielräume. Dies gilt sowohl grundsätzlich wie auch in eingetretenen Konfliktfällen, in denen das Verhalten von Leitungs- und Führungskräften besonders kritisch und aufmerksam verfolgt wird.

Mangelnde Klarheit und fehlende Transparenz kann konfliktverschärfend wirken und ist oft gar Quelle von Konflikten:

❒ Dort wo kein Spielraum für partnerschaftliche Aushandlungsprozesse gegeben ist, oder ermöglicht wird, ist es wenig hilfreich, dies zu vernebeln.
❒ Dort wo rechtliche Rahmenbedingungen zu beachten sind, Regelungen gesetzt oder bereits vereinbart wurden, empfiehlt es sich, nicht so zu tun als ob alternative, andere, neue Lösungen frei verhandelbar wären.

Keine Organisation kommt ohne Regeln aus

Werden vorhandene Regelungen in Frage gestellt, so kann zu ihrer Durchsetzung Macht in Anspruch genommen oder ein erneuter Aushandlungsprozess initiiert werden. Welche Wege – gegebenenfalls mit welchen Konsequenzen – beschritten werden, sollte jedoch in einer bewussten Entscheidung geklärt und kommuniziert werden. Keine Organisation kommt ohne Regelwerke aus. Regelwerke können Betriebsvereinbarungen, Arbeitsplatz- / Stellenbeschreibungen, Arbeitsverträge, Unternehmensleitbilder umfassen und selbstverständlich gehören dazu auch die relevanten gesetzlichen Regelungen.

Zu prüfen ist daher im konkreten Falle auch, ob vorhandene Rechtsnormen und Regelungen Raum lassen für Aushandlungsprozesse und Verfahren der kommunikativen Konfliktvermittlung. Andererseits können und müssen kommunikative Wege der Konfliktlösung, Verhandlungs- und Vermittlungsverfahren oftmals durch Regeln legitimiert und gegebenenfalls auch durch Macht oder Autorität gestützt werden.

Literaturverzeichnis

Adler, A. (1993): Der Sinn des Lebens. Frankfurt/M. (Lizenzausgabe, Fischer Taschenbuch Verlag)

Araoz, D. L. (1989): Die neue Hypnose. Paderborn

Bamberger, G. G.: Lösungsorientierte Beratung. Weinheim 1999

Bandler, R. (1987): Veränderung des subjektiven Erlebens. Fortgeschrittene Methoden des NLP. Paderborn

Bandler, R./MacDonald, W. (1990): Der feine Unterschied. NLP-Übungsbuch zu den Submodalitäten. Paderborn

Bandura, A. (1989a): Social cognitive theory. Annals of Child Development, 6, S. 1–60

Bandura, A. (1989b): Self-regulation of motivation and action through internal standards and goal systems. In: L. A. Pervin (Hg.): Goal concepts in personality and social psychology. Hillsdale, N. J.: Erlbaum, S. 19–85

Bandura, A. (1995): Exercise of personal and collective efficacy in changing societies. In A. Bandura (Ed.): Self-efficacy in changing societies (pp. 1–45). New York: Cambridge

Bardtmann, T. M./H. J. Kersting/H. Ch. Vogel (1991): Das gepfefferte Ferkel. Lesebuch für Sozialarbeiter und Konstruktivisten. Aachen

Bateson, G. 1983: Ökologie des Geistes. Frankfurt a. M.: Suhrkamp Verlag. 2. Aufl.

Beck, R. (2005): Von der Organisationsentwicklung zum Change Management: Herausforderungen eines Paradigmenwechsels für soziale Organisationen. In: Kolhoff, L./R. Beck, H.-D. Engelhardt/M. Hege/J. Sandmann (Hg.): Zwischen Ökonomie und sozialer Verantwortung. Augsburg: Zielverlag, S. 245–270

Beck, R./Birkle, W. (2003): Power Mental, Minitrancen, Interaktive Medien Verlag, Edingen-Neckarhausen. 2. Auflage (Hörbuch)

Beck, R. (2004): Sorgen Sie für frischen Wind. Mit Change Management setzen Sie erfolgreich Veränderungen durch. In: Handbuch Sozialmanagement. Stuttgart, Berlin u. a.: Raabe. Fachverlag für Gesundheit und Sozialwesen, Dez. 2004, A 2.12, S. 1–28

Beck, R./W. Birkle (2004a): Optimal Lernen. 12 Schritte zum Lernerfolg. CD-Rom. Augsburg Weltbildverlag

Beck, R./W. Birkle (2004b): Der LernCoach: Material- und Methodensammlung zur Gestaltung von Trainingseinheiten zum Thema Lern- und Selbstmanagement. CD-Rom, Begleitbuch. Augsburg: Weltbildverlag (Neu-Edingen: Interaktive Medien, 1999)
SozialMANAGEMENT Praxis Strategien – Tools – Materialien. Ziel-Verlag Augsburg

Beck, R./W. Birkle (2005): Der KonfliktCoach. CD-Rom. Neu-Edingen: Interaktive Medien Verlag

Beck, R./G. Schwarz (2006): Konfliktmanagement: Grundlagen und Strategien. Ziel-Verlag Augsburg

Brommer, U. (1994): Konfliktmanagement statt Unternehmenskrise. Zürich

De Shazer, S. (1995): Der Dreh: Überraschende Wendungen und Lösungen in der Kurzzeittherapie. 4. Aufl. Heidelberg: Carl Auer

Doppler, K./C. Lauterburg (1995): Change Management: Den Unternehmenswandel gestalten. Frankfurt a. M./New York

Erickson, M. H ./E. L. Rossi (1981): Hypnotherapie: Aufbau – Beispiele – Forschungen. München

Festinger, L. (1978): Theorie der kognitiven Dissonanz. (Orig. 1957). Bern: Huber

Fischer, H. R. (1995): Abschied von der Hinterwelt? Zur Einführung in den Radikalen Konstruktivismus. In: H. R. Fischer (Hg.): Die Wirklichkeit des Konstruktivismus. Zur Auseinandersetzung um ein neues Paradigma. Heidelberg: Carl-Auer-Systeme, S. 11–34

Fischer, M./Graf, P. (2000): Coaching. 2. Aufl. Ziel-Verlag, Augsburg

Fisher, R./W. Ury/B. Patton (2002): Das Harvard-Konzept: Sachgerecht verhandeln – erfolgreich verhandeln. Frankfurt/New York.

Freud, A. (o. J.): Das Ich und die Abwehrmechanismen. 6. Aufl. München (Lizenzausgabe, Kindler Taschenbücher)

Freud, S. (1971): Drei Abhandlungen zur Sexualtheorie. Frankfurt/M. 1971 (Lizenzausgabe des S. Fischer Verlages)

Freud, S. (1972): Abriss der Psychoanalyse. Das Unbehagen in der Kultur. Frankfurt/M. (Lizenzausgabe des S. Fischer Verlages)

Gilligan, S. G. (1995): Therapeutische Trance: Das Prinzip der Kooperation in der Ericksonschen Hypnotherapie. Heidelberg

Glasersfeld, von, E. (1995): Die Wurzeln des „Radikalen“ am Konstruktivismus. In: H. R. Fischer (Hg.) Die Wirklichkeit des Konstruktivismus. Zur Auseinandersetzung um ein neues Paradigma. Heidelberg: Carl-Auer-Systeme, S. 35–45

Glasl, F. (2004): Konfliktmanagement. Ein Handbuch für Führungskräfte Beraterinnen und Berater. Bern, Stuttgart, Wien, 8. Aufl.

Grinder, J./Bandler, R. (1981): Metasprache und Psychotherapie. Die Struktur der Magie I. Paderborn

Grinder, J./Bandler, R. (1987): Kommunikation und Veränderung. Die Struktur der Magie II. Paderborn

House, J. S. (1981): Work Stress and Social Support Reading/Mass.

John L. Walter/J. E. Peller (1996): Lösungsorientierte Kurztherapie. Ein Lehr-und Lernbuch. Dortmund

Jung, C. G. (1963): Gesammelte Werke. Bd. 6: Psychologische Typen. Zürich, Stuttgart: Rascher Verlag

Kerntke, W. (2004): Mediation als Organisationsentwicklung: Mit Konflikten arbeiten. Ein Leitfaden für Führungskräfte. Bern

Keupp, H. (2002): Identitätsarbeit im Epochenwandel. In: Keupp, H. u. a.: Identitätskonstruktionen. Das Patchwork der Identität in der Spätmoderne. Reinbek: Rowohlt. 2. Aufl.

König, E./G. Volmer (1994): Systemische Organisationsberatung. Grundlagen und Methoden. 3. Aufl. ,Weinheim: Deutscher Studienverlag

Königswieser, R./A. Exner (1999): Systemische Intervention. Architekturen und Designs für Berater und Veränderungsmanager. Stuttgart: Klett-Cotta. 4. Aufl.

Kraus, W. (2002): Auswirkungen der gesellschaftlichen Veränderungen auf die Identitätstheorie. In: Keupp, H. u.a.: Identitätskonstruktionen. Das Patchwork der Identität in der Spätmoderne. Reinbek: Rowohlt. 2. Aufl.

Kriz, J. (1995): Muster personaler und interpersonaler Wirklichkeitskonstruktionen. In: H. R. Fischer (Hg.) Die Wirklichkeit des Konstruktivismus. Zur Auseinandersetzung um ein neues Paradigma. Heidelberg: Carl-Auer-Systeme, S. 63–82

Krusche, H. (1997): NLP: Die Grundlagen des Neuro-Linguistischen Programmierens. Düsseldorf

Lazarus, R. S./S. Folkman 1984: Stress, Appraisal and Coping. New York.

Lewin, K. (1935): A dynamic theory of personality, New York

Lewin, K. (1951): Field Theory in social science. New York

Lipp, U./H. Will (1996): Das große Workshop-Buch: Konzeption, Inszenierung und Moderation von Klausuren, Besprechungen und Seminaren. Weinheim, Basel: Beltz Verlag

Looss, W. 2003: Coaching für Manager: Konfliktbewältigung unter vier Augen. Landsberg/Lech

Luhmann, N. (1994): Soziale Systeme. Grundriss einer allgemeinen Theorie. Frankfurt a. M.

Madelung, E. Kurztherapien: Neue Wege zur Lebensgestaltung. München 1996

Mahlmann, R. (2000): Konflikte managen. Psychologische Grundlagen, Modelle und Fallstudien. Weinheim, Basel: Beltz Verlag. 2. Aufl.

Menaghan, E. (1983): Individual Coping Efforts: Moderators of the Relationship between Life Stress and Mental Health Outcomes. In: Kaplan, H. B. (Ed.): Psychological Stress: Trends in Theory and Research. New York

Merton, R. (1957): Social theory and social structure. Glencoe

Müller, G. (2003): Systemisches Coaching im Management: Das Praxisbuch für Neueinsteiger und Profis. Weinheim, Basel, Berlin: Beltz Verlag

O'Connor, J./J. Seymour (1997): Neurolinguistisches Programmieren: Gelungene Kommunikation und persönliche Entfaltung. Freiburg

Ornstein, R. (1989): Multimind. Ein neues Modell des menschlichen Gehirns. Paderborn

Pervin, L. A. (2000): Persönlichkeitstheorien. München, E. Reinhardt Verlag, 4. Aufl. Basel

Pornschlegel, C. (2206): Abschied vom Fortschritt. Kein Wunder, dass die theologischen Fragen zurückkehren. Süddeutsche Zeitung Nr. 47, 25./26. Februar 2006, S. 13

Pühl, H. 2003: Mediation in Organisationen – eine Einführung. In: Pühl, H. (Hg.), 2003: Mediation in Organisationen. Neue Wege des Konfliktmanagements: Grundlagen und Praxis. Berlin. S. 9–19

Reichel, R./R. Rabenstein (2001): Kreativ beraten: Methoden, Modelle, Strategien für Beratung, Coaching und Supervision. Münster: Ökotopia Verlag

Revenstorf, D./R. Zeyer (1997): Hypnose lernen. Leistungssteigerung und Stressbewältigung durch Selbsthypnose. Heidelberg: Carl-Auer-Systeme

Rogers, C. (1964): Toward a science of the person. In: T. W. Wann (Hg.): Behaviourism and phenomenology. Chicago: University of Chicago Press, S. 109–133

Rogers, C. (1972): Die klientbezogene Gesprächstherapie (Orig. 1951). München: Kindler

Rogers, C. (1981): Der neue Mensch (Orig. 1961). Stuttgart: Klett-Cotta

Roth, G. (1995): Die Konstruktivität des Gehirns: Der Kenntnisstand der Hirnforschung. In: H. R. Fischer (Hg.) Die Wirklichkeit des Konstruktivismus. Zur Auseinandersetzung um ein neues Paradigma. Heidelberg: Carl-Auer-Systeme, S. 35–45

Schmidt, G. (1994): Prämissen und Konzepte zum Thema: Utilisation von Alltagstrancephänomenen und hypnotischen Mustern für die Gestaltung des Interviewablaufs und von Interventionen. Arbeitspapier zum Fortbildungscurriculum „Systemische und Hypnotherapeutische Konzepte für die Organisationsberatung, Coaching und Persönlichkeitsentwicklung". Milton-Erickson-Institut Heidelberg.

Schreyögg, A. (1995): Coaching. Eine Einführung für Praxis und Ausbildung. Frankfurt/New York

Schulz von Thun, F. (1996): Miteinander reden 1. Störungen und Klärungen. Reinbek.

Schwuchow, K./Gutmann, J. (Hg.): Jahrbuch Personalentwicklung und Weiterbildung 1999/2000, Neuwied, Kriftel/Ts., S. 161–164

Sennett, R. (2000). Der flexible Mensch. Die Kultur des neuen Kapitalismus. Berlin: Siedler

Sparrer, I./M. Varga von Kibéd (2000): Ganz im Gegenteil. Für Querdenker und solche, die es werden wollen. Heidelberg: Carl-Auer Verlagssysteme

Tomm, K. (1994): Die Fragen des Beobachters: Schritte zu einer Kybernetik zweiter Ordnung in der systemischen Therapie. Heidelberg: Carl Auer

Ury, W./Brett, J.M./Goldberg; St. B. (1991): Konfliktmanagement. Wirksame Strategien für den sachgerechten Interessenausgleich. Frankfurt/New York

Vogelauer, W. (Hg.) 2000: Coaching-Praxis: Führungskräfte professionell begleiten, beraten und unterstützen. 3. Aufl., Neuwied, Kriftel/Ts.

Vollbracht, J. 1999: Coaching – Modetrend oder Bestandteil der Personalentwicklung? In:

Walter, J. L./J. E. Peller (1996): Lösungsorientierte Kurztherapie. Ein Lehr- und Lernbuch. Dortmund: verlag modernes lernen. 3. Aufl.

Watzlawick, P. u. a. (1984): Lösungen – Zur Theorie und Praxis menschlichen Wandels. Bern, Stuttgart, Wien.

Watzlawick, P. (2003): Wie wirklich ist die Wirklichkeit? Wahn – Täuschung – Verstehen. München, Zürich: Piper (Sonderausgabe)

Zeig, J. K. Die Weisheit des Unbewussten. Heidelberg 1995

Zimbardo, P. G./Gerrig, R. J. (1999): Psychologie. Berlin, Heidelberg, New York: Springer-Verlag, 7. Aufl.

Die Autorin

Dr. Reinhilde Beck

Studium der Psychologie und Pädagogik mit Zusatzausbildung in Verhaltens- und Gesprächspsychotherapie, systemischer Beratung, Organisationsentwicklung und Coaching.
Professorin für Psychologie und Pädagogik im Fachbereich Sozialwesen der Fachhochschule München mit den Arbeitsschwerpunkten: Weiterbildungs- und Personalmanagement, Personalführung, Coaching.

ziel: Blaue Reihe:

SozialMANAGEMENT Praxis

Michael Fischer, Pedro Graf

Coaching

2. überarbeitete Auflage
160 Seiten, Format A4, kartoniert
75 Abb./Graf./Checkl., Zweifarbdruck
25,80 € / 46,– sFr
ISBN 3-934 214-58-4

2. überarbeitete Auflage

Pedro Graf, Maria Spengler

Leitbild- und Konzeptentwicklung

3. überarbeitete erweiterte Auflage
124 Seiten, Format A4, kartoniert
50 Abb./Graf./Checkl., Zweifarbdruck
25,80 € / 46,– sFr
ISBN 3-934 214-55-X

3. erweiterte Auflage

Reinhilde Beck, Gotthart Schwarz

Personalentwicklung

2. überarbeitete erweiterte Auflage
262 Seiten, Format A4
117 Abb./Graf./Checkl., Zweifarbdruck
25,80 €/46,– sFr
ISBN 3-934 214-98-3
(Softcover)

2. überarbeitete Auflage

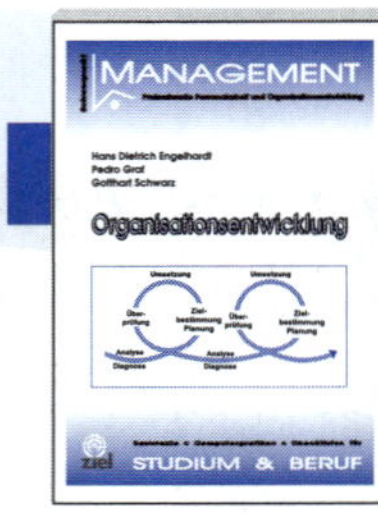

Hans Dietrich Engelhardt, Pedro Graf, Gotthart Schwarz

Organisationsentwicklung

2. überarbeitete Auflage
164 Seiten, Format A4, kartoniert
60 Abb./Graf./Checkl., Zweifarbdruck
25,80 € / 46,– sFr
ISBN 3-934 214-45-2

2. überarbeitete Auflage

Klaus Schellberg

Betriebswirtschaftslehre für Sozialunternehmen

210 Seiten, Format A4
65 Abb./Graf./Checkl., Zweifarbdruck
25,80 €/46,– sFr
ISBN 3-937 210-02-4 (Softcover)

Hans Dietrich Engelhardt

Organisationsmodelle

2. überarbeitete Auflage
144 Seiten, Format A4, kartoniert
34 Abb./Graf./Checkl., Zweifarbdruck
25,80 € / 46,– sFr
ISBN 3-934 214-14-2

2. überarbeitete Auflage

Ludger Kolhoff

Finanzierung

Finanzierung soz. Einrichtungen und Dienste
166 Seiten, Format A4, kartoniert
48 Abb./Graf./Checkl., Zweifarbdruck
25,80 € / 46,– sFr
ISBN 3-934 214-66-5

Ludger Kolhoff

Existenzgründung

Existenzgründung im sozialen Sektor
190 Seiten, Format A4, kartoniert
42 Abb./Graf./Checkl., Zweifarbdruck
25,80 € / 46,– sFr
ISBN 3-934 214-78-9

Klaus Schellberg

Kostenmanagement

Kostenmanagement in Sozialunternehmen
187 Seiten, Format A4
48 Abb./Graf./Checkl., Zweifarbdruck
25,80 € / 46,– sFr
ISBN 3-934 214-69-X

Monika Bobzien, Wolfgang Stark, Florian Straus

Analyse und Entwicklung

Analyse und Entwicklung
von Organisationen im sozialen Sektor
156 Seiten, Format A4, kartoniert
75 Abb./Graf./Checkl., Zweifarbdruck
25,80 € / 46,– sFr
ISBN 3-934 214-91-6

Gregor Beck

Controlling

2. Auflage
160 Seiten, Format A4, kartoniert
50 Abb./Graf./Checkl., Zweifarbdruck
25,80 € / 46,– sFr
ISBN 3-934 214-01-0

Hans Dietrich Engelhardt

Total Quality Management

1. Auflage
152 Seiten, Format A4, kartoniert
31 Abb./Graf./Checkl., Zweifarbdruck
25,80 € / 46,– sFr
ISBN 3-934 214-64-9

Fordern Sie den aktuellen Verlagskatalog an oder sehen Sie ins Internet: www.ziel.org

Bestellungen bitte an:

ZIEL - Zentrum für interdisziplinäres erfahrungsorientiertes Lernen GmbH
(vormals Fachverlag Dr. Sandmann)
Neuburger Str. 77, 86167 Augsburg
Tel. (08 21) 72 44 77, Fax (08 21) 72 44 55
E-Mail: verlag@ziel.org

Alle Bände dieser Reihe sind mit einer Fülle praktischer Beispiele und anschaulicher Grafiken ausgestattet. Sie präsentieren theoretisches Wissen in verständlicher Sprache und praktische Anregungen in optisch attraktivem Zwei-Farb-Druck. Das DIN A4-Format, die Stichworte am Rande und ausführliche Literaturverzeichnisse erhöhen den Gebrauchswert der Publikationen für die Leser und Leserinnen.

Online http://www.ziel.org (E-Mail: verlag@ziel.org)
... und bei Ihrem Buchhändler!